YUBAN SHAJIANG SHIYONG JISHU

预拌砂浆

实用技术

尤大晋　主　编
徐永红　副主编

化学工业出版社
·北京·

本书结合相关企业的实际情况，以普通预拌砂浆的生产、施工为主线，融合了预拌砂浆的市场准入、基本性质、基本组成材料、配合比设计、生产设备、生产过程质量控制、施工工艺和不同性质的检测方法，是一本较全面、系统地介绍普通预拌砂浆的专门化教材。内容分为7章——概论、预拌砂浆生产原料及选用、预拌砂浆生产工艺及设备、普通预拌砂浆配合比设计、预拌砂浆生产企业质量管理、普通预拌砂浆应用、预拌砂浆性能试验方法。

本书可作为高等院校材料专业学生及工厂相关人员的培训教材，也可供从事预拌砂浆生产的企业管理者、技术人员参考使用。

图书在版编目（CIP）数据

预拌砂浆实用技术/尤大晋主编． —北京：化学工业出版社，2010.12（2015.2重印）
ISBN 978-7-122-10072-6

Ⅰ. 预… Ⅱ. 尤… Ⅲ. 混合砂浆-教材 Ⅳ. TQ177.6

中国版本图书馆 CIP 数据核字（2010）第 238128 号

责任编辑：窦 臻 提 岩　　　　　　装帧设计：周 遥
责任校对：宋 夏

出版发行：化学工业出版社（北京市东城区青年湖南街13号　邮政编码100011）
印　　装：北京虎彩文化传播有限公司
720mm×1000mm　1/16　印张10¾　字数180千字
2015年2月北京第1版第3次印刷

购书咨询：010-64518888　　　　　　售后服务：010-64518899
网　　址：http://www.cip.com.cn
凡购买本书，如有缺损质量问题，本社销售中心负责调换。

定　　价：35.00元

编写人员名单

主　　编：尤大晋

副 主 编：徐永红

编写人员：尤大晋　徐永红　鞠宇飞

　　　　　刘文斌　肖雪军　李龙珠

前　言

　　预拌砂浆和现场搅拌砂浆相比，其优越性体现在产品质量有保证、实现了资源的循环利用、显著提高施工效率、有利于环境保护，正是由于其在节约资源、保护环境、提高工程质量等方面发挥着显著的作用，其推广应用势在必行。

　　常州市是全国第一批发展使用预拌砂浆的十个城市之一，在国家政策导向和市场需求的大力推动下，我们深深体会到这项工作面广量大，它不仅关系到市场的准入、工厂的投资建设及生产过程的管理，还涉及散装砂浆物流形式与市场运作，同时，在工程使用环节也至关重要，可谓是一项系统工程。一个城市推动"禁止现场搅拌砂浆"（简称"禁现"）工作，企业从无到有仅仅是城市"禁现"的第一步，培育好预拌砂浆行业是各级散装水泥办公室一项长期的工作，而做好预拌砂浆的知识普及和技能培训又是开展好这项工作的基础与前提。根据商务部、住房城乡建设部推动城市禁止现场搅拌砂浆的要求，常州市散装水泥办公室委托常州工程职业技术学院编写了这本《预拌砂浆实用技术》，旨在为预拌砂浆企业投资者介绍入门基本知识，便于从事预拌砂浆生产的企业管理者、技术人员掌握工艺控制和配料知识，不断提高施工单位的施工技术水平。

　　常州工程职业技术学院是隶属于江苏省教育厅的全日制公办普通高校，师资力量雄厚，具有丰富的教育教学、生产实践、科学研究、社会服务、课程开发、教材建设、团队建设、素质拓展等工作经验。其材料工程技术专业是在原硅酸盐工程专业基础上发展而来的。针对常州地区预拌砂浆的发展，材料专业的老师们收集了大量文献资料，深入到砂浆企业、施工现场开展实践与调研，最终编写完成本书。

　　本书由尤大晋提出并制订编写总纲，徐永红组织编写。全书共计7章，分别为概论、预拌砂浆生产原料及选用、预拌砂浆生产工艺及设备、普通预拌砂浆配合比设计、预拌砂浆生产企业质量管理、普通预拌砂浆应用、预拌砂浆性能试验方法。其中第1章、第7章由李龙珠编写，第2章、第6章由刘文斌编写，第3章由鞠宇飞编写，第4章、第5章由肖雪军编写。全书由尤大晋、徐永红统稿。

本书编写过程中得到了上海市建材管理总站、浙江省散装水泥办公室、江苏省散装水泥办公室、天津市散装水泥办公室、广州市散装水泥办公室、嘉兴市散装水泥办公室、南京天印科技有限公司、湖北双龙建材有限公司一些同志的支持和帮助，在此表示衷心的感谢。

由于编者时间仓促、水平有限，书中不足之处在所难免，恳请广大读者批评指正。

编　者
2010 年 10 月

目　录

1 概 论

预拌砂浆是一种新型绿色建筑材料，是在专业生产厂内将水泥、砂、矿物掺合料和各种功能性添加剂按一定比例混合而成的混合物，其在节约资源、保护环境、提高工程质量等方面发挥着显著的作用。本章主要介绍预拌砂浆的定义、分类、性能与特点，同时就预拌砂浆的发展现状及趋势、政府部门的相关政策支持和市场准入要求及行业发展规划布局进行了描述。

1.1 预拌砂浆简介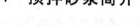

1.1.1 定义

预拌砂浆（ready-mixed mortar）系指由专业生产厂家生产的，用于一般工业与民用建筑工程的由胶凝材料、细骨料以及根据性能确定的其他外加剂组分按适当比例配合、拌制后通过专用运输车运至使用地点的工程材料。

1.1.2 分类

预拌砂浆品种繁多，目前尚无统一的分类方法。从不同的角度出发，有不同的分类，较普遍的分类如下。

(1) 按生产的搅拌形式 分为两种：预拌干粉砂浆（dry-mixed mortar）与湿拌砂浆（wet-mixed mortar）。预拌干粉砂浆是经干燥筛分处理的细集料与胶凝材料以及根据需要掺入的保水增稠材料、化学外加剂、矿物掺合料等组分按一定比例混合而成的固态混合物，其在使用地点按规定比例加水或配套液体拌和后使用。湿拌砂浆是由胶凝材料、细集料、水以及根据需要掺入的保水增稠材料、化学外加剂、矿物掺合料等组分按一定比例，在搅拌站经计量、拌制后，采用搅拌运输车运至使用地点，放入专用容器储存，并在规定时间内使用完毕的拌合物。

(2) 按使用功能 分为两种：普通预拌砂浆(ordinary ready-mixed mortar)和特种预拌砂浆（special ready-mixed mortar）。普通预拌砂浆系预拌砌筑砂浆、预拌抹灰砂浆和预拌地面砂浆的统称，可以是预拌干粉砂浆，也可以是湿拌砂浆。特种预拌砂浆系指具有抗渗、抗裂、高黏结和装饰等特殊功能的预拌砂浆,包括预拌防水砂浆、预拌耐磨砂浆、预拌自流平砂浆、预拌保温砂浆等。

(3) 按用途　分为预拌砌筑砂浆、预拌抹灰砂浆、预拌地面砂浆及其他具有特殊性能的预拌砂浆。其中砌筑砂浆用于砖、石块、砌块等的砌筑以及构件安装;抹灰砂浆则用于墙面、地面、屋面及梁柱结构等表面的抹灰,以达到防护和装饰等要求;地面砂浆用于普通及特殊场合的地面找平。

(4) 按胶凝材料的种类　分为水泥砂浆、石灰砂浆、水泥石灰混合砂浆、石膏砂浆、沥青砂浆、聚合物砂浆等。

1.1.3　性能简述

预拌砂浆物理力学性能一般包括工作性、稠度、流动度、体积密度、凝结时间、保水性、吸水性、含气量、塑性开裂性能、干燥收缩性、抗压强度、抗折强度、黏结强度、柔韧性、抗冲击性能等。预拌砂浆的耐久性能是指预拌砂浆应用到工程中,在长期使用过程中抵抗外界环境影响而不破坏的能力。预拌砂浆耐久性能一般包括抵抗长期气候作用的能力、抵抗各种介质侵蚀的能力(包括水、硫酸盐、氯盐、弱酸等)、抗碳化性能、抵抗温度变化的能力(包括高温和冻融作用)等。

(1) 工作性　工作性是指加水搅拌好的砂浆在工程施工中的难易程度。预拌砂浆的工作性是预拌砂浆最重要、最基本的性能,工作性的好坏直接决定着预拌砂浆是否能够应用到工程中。预拌砂浆工作性是其施工性能的主要体现。不同种类的预拌砂浆,其工作性能好坏的判断依据并不相同。一般而言,根据砂浆可施工的难易程度,可把工作性能分为差、较差、较好、好四个等级。工作性能没有明确的衡量指标,主要是根据实际操作中的感觉来区分。例如,在抹灰砂浆施工时,把难以涂抹在墙体上,或者涂抹在墙体上后很快就会脱落的抹灰砂浆定义为工作性差;把可以涂抹在墙体上,但涂抹厚度较小,且涂抹后会有部分脱落,材料浪费较大,或者由于滑移而不适宜大面积施工的抹灰砂浆定义为工作性较差;可以较容易地涂抹在墙体上,施工厚度达到要求,几乎无脱落滑移,但仍有材料浪费的抹灰砂浆定义为工作性较好;可以容易地涂抹在墙体上,施工厚度能达到要求,无脱落滑移,且无材料浪费现象的抹灰砂浆定义为工作性好。

虽然工作性没有具体的定量的衡量标准,但其可以通过其他物理力学性能来间接衡量和表征。针对于普通预拌砂浆,例如砌筑砂浆和抹灰砂浆,稠度和分层度的大小、泌水性的好坏可以用来衡量其工作性的好坏。而针对于特种预拌砂浆,例如陶瓷墙地砖胶黏剂、填缝剂、自流平材料、灌浆材料等，则工作性通常用流动度、保水性、黏聚性等来衡量。

(2) 稠度　砂浆稠度表示砂浆的稀稠程度，是反映砂浆工作性的参数之一。砂浆中加水太多就变稀，砂浆太稀涂抹时易流淌；砂浆中加水太少就变稠，砂浆太稠涂抹时则不易抹平。因此，针对于不同种类、不同使用场合的预拌砂浆，通常调节其加水量来达到稠度适中的目的。砂浆稠度的测定参照JGJ/T 70—2009《建筑砂浆基本性能试验方法标准》进行，工地上可采用简易测定砂浆稠度的方法，将单个圆锥体的尖端与实际表面相接触，然后放手让圆锥体自由沉入砂浆中，取出圆锥体用尺直接量出沉入的垂直深度（以cm 计），即为砂浆的稠度。

(3) 流动度　流动度是指一定量的加水搅拌好的预拌砂浆经过振捣振动后的扩展范围。流动度与稠度均是反映预拌砂浆工作性的参数，两者之间既有联系，但又并不呈现出同步变化的规律。预拌砂浆的稠度大并不一定代表砂浆的流动度大，反之亦然。大量研究和工程实践表明，一般情况下，预拌砂浆加水搅拌后，其流动度在 160～180mm 之间时，工作性相对较好，易于进行施工操作，预拌砂浆的流动度通常可参照 GB/T 2419—2005《水泥胶砂流动度测定方法》进行测定。

相比于普通预拌砂浆而言，自流平材料、灌浆材料等一些特种预拌砂浆则常对流动度性能有明确要求，例如水泥基地面自流平材料，其初始流动度和搅拌好 20min 后的流动度均要求不小于 130mm；而灌浆材料的初始流动度和搅拌好 30min 后的流动度则分别要求大于等于 260mm 和 230mm。其他一些特种预拌砂浆例如瓷砖胶黏剂、瓷砖填缝剂、界面处理剂等，其流动度虽没有明确的指标要求，但也通常用流动度来衡量其工作性。针对如自流平材料、灌浆材料等特殊品种的预拌砂浆，也具有特定的测定方法。例如自流平材料，其流动度测试则是通过测定搅拌好的材料经一定时间扩展后的直径来衡量，具体测定方法可见 JC/T 985—2005《地面用水泥基自流平砂浆》。

(4) 保水性　砂浆保水性是指砂浆能保持水分的能力，也是衡量新拌砂浆在运输以及停放时内部组分稳定的性能指标。保水性不好的砂浆，在运输和存放过程中容易泌水离析，即水分浮在上面，砂和水泥沉在下面，使用前必须重新搅拌。在涂抹过程中，保水性不好的砂浆中的水分容易被墙体材料吸去，使砂浆过于干稠，涂抹不平，同时由于砂浆过多失水会影响砂浆的正常凝结硬化，降低了砂浆与基层的黏结力以及砂浆本身的强度。

砂浆的保水性可用分层或保水率两个指标来衡量，分层度和保水率参照 JGJ/T 70—2009《建筑砂浆基本性能试验方法标准》进行检测。分层度常作为衡量普通砌筑砂浆和抹灰砂浆保水性好坏的参数，分层度越小，说明水泥砂浆的保水性越好，稳定性越好；分层度越大，则水泥砂浆泌水离析现象严重，保水性越差，稳定性越差。一般而言，普通水泥砌筑砂浆的分层度要求在 10～30mm 之间，而抹灰砂浆则对保水性要求相对较高，分层度应不大于 20mm。原因在于，就普通预拌砂浆而言，分层度＞30mm 的砂浆由于产生离析，保水性差；而分层度只有几毫米的砂浆，虽然上下层无分层现象，保水性好，但这种情况往往是胶凝材料用量过多，或者砂子过细，砂浆硬化后会干缩很大，尤其不适宜用作抹灰砂浆。保水率多用于衡量除上述两种预拌砂浆外的预拌砂浆保水性好坏，是特种预拌砂浆保水性的量化指标。砂浆保水率大，则砂浆保水性好；砂浆保水率小，则砂浆保水性差。

(5) 体积密度　预拌砂浆体积密度是指单位体积内预拌砂浆的质量，其单位是 kg/m^3 或 g/cm^3，包括新拌砂浆体积密度和硬化砂浆体积密度两个方面。新拌砂浆体积密度是指加水拌和好的预拌砂浆浆体单位体积内的质量；硬化砂浆体积密度是指经过一定龄期养护预拌砂浆硬化干燥后，其单位体积内的质量。表观密度则是指预拌砂浆质量与表观体积之比，表观体积是指材料排开水的体积（包括内封闭孔的体积），包括湿表观密度和干表观密度两个方面。湿表观密度是指新拌和好的预拌砂浆单位体积内的质量，等同于新拌砂浆的体积密度。干表观密度则是指预拌砂浆硬化至规定龄期后，再经过烘干干燥恒重后单位体积内的质量。预拌砂浆体积密度与其力学性能密切相关，具有非线性正相关性。

为了保证工程质量和使用安全，部分种类的预拌砂浆对体积密度性能指标也具有明确的要求。例如，混凝土空心小砌块用砌筑砂浆，其新拌体积密度要求不小于 $1900kg/m^3$，而 EPS 粒子保温砂浆的湿表观密度则要求不大于 $420kg/m^3$，干表观密度则控制在 $180～250kg/m^3$ 之间。就保温砂浆而言，其体积密度的大小不但与其力学性能密切相关，而且还直接影响保温砂浆热导率的大小，决定着其保温效果的好坏。在一定范围内，体积密度与热导率呈现出正相关性，体积密度越小，保温砂浆热导率越小，反之亦然。

(6) 凝结时间和可操作时间　预拌砂浆凝结时间是指预拌砂浆从加水拌和到具有一定强度的时间间隔，可分为初凝时间和终凝时间，初凝时间是指从预拌砂浆加水拌和到预拌砂浆刚开始失去塑性的时间间隔，终凝时间是指从预拌砂浆加水拌和到预拌砂浆完全失去塑性的时间间隔。可操作时间则是指预拌砂浆加水搅拌好后到仍能施工而不影响其性能的最长时间间隔。普通预拌砂浆，例如砌筑砂浆和抹灰砂浆，其凝结时间的测定常采用贯入阻力法，主要参照 JGJ/T 70—2009《建筑砂浆基本性能试验方法标准》进行测试。

不同种类预拌砂浆对凝结时间（或可操作时间）的要求并不相同，其具体时间要求一般根据工程需要和使用特点而定。水泥基灌浆材料的凝结时间（初凝时间）要求≥120min；水泥基装饰砂浆的可操作时间则应在 30min 以上；缓凝型无机防水堵漏材料初凝时间≥10min、终凝时间≤360min，而促凝型无机防水堵漏材料初凝时间则要求在 2～10min 之间、终凝时间≤15min。在一些地方标准中还针对不同的预拌砂浆凝结时间做了不同要求，例如在江苏省 DGJ32/J13—2005《预拌砂浆技术规程》中，明确提出了预混砌筑砂浆、抹灰砂浆和地面砂浆的凝结时间应≤10h，而预拌砌筑砂浆和抹灰砂浆则分了≤8h、12h 和 24h 三个级别，预拌地面砂浆凝结时间则分为≤4h 和 8h 两个级别。膨胀聚苯板薄抹灰外墙外保温系统用的胶黏剂和抹面砂浆的可操作时间则要求在 1.5～4h 之间。

(7) 吸水性　预拌砂浆吸水性是指硬化预拌砂浆吸收水分的能力，一般用单位质量（或单位面积）的砂浆吸水达到饱和时的吸水量或一定时间内单位面积砂浆吸水量（或吸水率）来描述。吸水性指标对于抹面砂浆、防水砂浆等有防水要求的预拌砂浆尤其重要，吸水量大小直接影响着水泥砂浆的防水效果。根据预拌砂浆的使用特点和工程需要，相关标准中对其吸水量做了明确的限定。例如，在薄抹灰外墙外保温系统中，要求系统 24h 的吸水量应不大于 $500g/m^2$，其实质也就是要求保温系统用抹面砂浆的吸水量应不大于 $500g/m^2$；外墙建筑用腻子的 10min 内吸水量要求不大于 2g（见 JG/T 157—2004《建筑外墙用腻子》）；水泥基饰面砂浆 30min 和 240min 的吸水量则分别要求不大于 2g 和 5g（见 JG/T 1024—2007《墙体饰面砂浆》）。瓷砖填缝剂的 30min 和 240min 的吸水量则分别要求不大于 5g 和 10g（见 JC/T 1004—2006《陶瓷墙地砖填缝剂》）。防水砂浆在用于地下防水工程时其吸水率应小于 3%，使用于其他工程时，其吸水率应小于 5%。

(8) 含气量　含气量是指单位体积的新拌预拌砂浆内含有的气体体积含量。新拌预拌砂浆尤其是聚合物改性预拌砂浆中常会含有一定的气体。含气量对预拌砂浆施工性、需水量、保水性、体积密度以及力学性能、耐久性能都有一定影响，是反映砂浆性能的重要指标之一。适量的含气量可以提高预拌砂浆的工作性和和易性，提高预拌砂浆的抗冻性、抗水渗性及一些其他性能；但含气量大时，预拌砂浆中大气泡增多，会导致预拌砂浆抗压强度、抗渗压力、黏结强度降低，并增大预拌砂浆的干燥收缩。由于大多数种类的聚合物均会向预拌砂浆中引入一定量的气体，从而影响着预拌砂浆的各种性能。

含气量的测定方法和仪器根据砂浆种类的不同而不同，普通预拌砂浆，例如砌筑砂浆和抹灰砂浆大多是参照混凝土含气量的测定方法和仪器进行测定；而添加了有机添加剂的特种预拌砂浆含气量则通常利用专门的砂浆含气量测定仪来测定，目前我国还未有相关标准，主要是参照国外标准例如英国标准 BS EN1015.7—1999 进行测定。

(9) 收缩性　收缩性是指预拌砂浆加水拌和好以及硬化阶段，抵抗其体积变形的能力。预拌砂浆的收缩一般可以分为硬化前的塑性收缩和硬化后的干燥收缩两个阶段。接下来以常用的水泥砂浆为例进行说明。

① 塑性收缩性。水泥砂浆塑性收缩一般是指水泥砂浆在浇筑成形后，由于水与水泥颗粒的亲润性，水分蒸发时水泥砂浆面层毛细管中形成凹液面，其凹液面上表面张力的垂直分量形成了对管壁间材料的拉应力，此时水泥砂浆处于塑性阶段，其自身的塑性抗拉强度较低，若其表面层毛细管失水收缩产生的拉应力 $\sigma_{毛细管}$ 与水泥砂浆塑性抗拉强度 $f_{塑}$ 满足式（1-1）：

$$\sigma_{毛细管} > f_{塑}$$

(1-1)

则水泥砂浆表面层将会出现开裂的现象。

② 干燥收缩性。干燥收缩性则是指水泥砂浆硬化干燥后，由于失水、化学反应引起的水泥砂浆体积的变化。其是用来评价水泥砂浆在工程应用过程中，其体积稳定性的重要性能指标，一般用线性收缩率来表示。预拌砂浆干燥收缩率测定一般是参照 JC/T 603—2004《水泥胶砂干缩试验方法》进行的。为了工程使用安全和工程质量，一般均要求预拌砂浆具有较小的干燥收缩率，甚至有所膨胀。例如，砌筑砂浆、抹灰砂浆和地面砂浆的 28d 收缩率一般要求不大于 0.50%，有些地方标准甚至要求其 28d 线性收缩率不大于 0.30%；防水砂浆的 28d 线性收缩率应不大于 0.50%；地面用水泥基自流平材料的线性变化率要求在 −0.15%～+0.15% 之间；瓷砖填缝剂的 28d 线性收缩率应不大于 0.1%；水泥基灌浆材料就要求其 1d 的竖向膨胀率应不小于 0.02%。

(10) 抗压强度　抗压强度是指预拌砂浆表面抵抗压应力的能力，一般用预拌砂浆养护规定龄期后的单位面积上能抵抗的最大压应力来表示，单位为 MPa。不同类型的预拌砂浆，其抗压强度测试方法不同，其抗压强度性能指标要求也不相同。一般而言，砌筑砂浆、抹灰砂浆、地面砂浆以及保温砂浆等通常是采用 70.7mm×70.7mm×70.7mm 的立方体试块来进行抗压强度测试。而其他类型的预拌砂浆抗压强度测定则通常是采用 40mm×40mm×160mm 的棱柱体，按照水泥胶砂抗压强度测定方法来进行的。

(11) 抗折强度　预拌砂浆抗折强度是指砂浆单位面积承受弯矩时的极限折断应力，通常是参照 GB/T 17671—1999《水泥胶砂强度检验方法》，采用 40mm×40mm×160mm 的棱柱体进行三点弯曲试验。预拌砂浆中对其抗折强度性能有指标要求的均是特种预拌砂浆。例如，缓凝型无机防水堵漏材料其 3d 抗折强度要求不小于 3.0MPa，速凝型无机防水堵漏材料其 1h 和 3d 抗折强度分别要求不小于 1.5MPa 和 4.0MPa；饰面砂浆的 28d 抗折强度则要求≥2.5MPa；地面用水泥基自流平材料的 24h 抗折强度应不小于 2.0MPa，并且根据其 28d 抗折强度值分为 F4、F6、F7、F10 四个强度等级（其 28d 抗折强度分别≥4MPa、6MPa、7MPa、10MPa）；瓷砖填缝剂 28d 抗折强度要求不小于 2.5MPa。

(12) 柔韧性 柔韧性是预拌砂浆一个重要性能指标，对抹面砂浆、黏结砂浆、修补砂浆、防水砂浆、填缝材料等预拌砂浆来说尤其是这样。水泥砂浆的柔韧性通常是用水泥砂浆 28d 的抗压强度与抗折强度的比值（简称为压折比）来表示。国内外大量实验数据表明，当预拌砂浆的压折比小于 3 时，其具有良好的抗裂性能和柔韧性，因此在我国一些种类的预拌砂浆的技术标准中一般要求其压折比应≤3.0。

(13) 黏结强度 黏结强度是预拌砂浆至关重要的性能之一，决定着其长期使用效果。目前，在我国行业标准中预拌砂浆黏结强度的测定大多为测定黏结拉伸强度（或称为黏结抗拉强度），但不同的预拌砂浆标准对测试条件等的要求不同，针对具体的预拌砂浆的种类可参照相关标准，如水泥基预拌砂浆可参照 JGJ/T 70—2009《建筑砂浆基本性能试验方法标准》。

(14) 抗冲击性能 预拌砂浆抗冲击性能是指硬化预拌砂浆抵抗外力冲击的性能，一般用其能够抵抗最大冲击力而不破坏时的能量表示，单位为 J。地面材料、防护材料等会受到重力碰撞的预拌砂浆常要求应具有一定的抗冲击性能。例如，地面用水泥基自流平材料要求其经过 1kg 的重锤在 1m 高度自由落体冲击后无开裂或脱离底板，即其抗冲击性能应不小于 10J；普通型和加强型 EPS 板薄抹灰外保温系统抗冲击性能应分别不小于 3J 和 10J，其实也是对防护砂浆抗冲击性能提出了较高的要求。

(15) 抗渗性能 抗渗性能是表征预拌砂浆尤其是具有防水要求特种预拌砂浆性能的一个重要的指标。只有保证较高的抗渗性能砂浆才能起到防水、防漏、防潮和保护建筑物与构筑物等不受水侵蚀破坏的作用。砂浆抗渗性能参照 JGJ/T 70—2009《建筑砂浆基本性能试验方法标准》测试。不同的预拌砂浆对抗渗性能具有不同的要求，例如缓凝型和速凝型防水堵漏材料 7d 抗渗压力应≥1.5MPa。

(16) 抗碳化性能 水泥砂浆碳化是指溶解在孔溶液中的 CO_2 或自由的 CO_2 按照通过-溶解的过程与水泥未水化物或水化产物发生反应，从而改变水泥砂浆的化学和矿物组成、微结构和孔结构等。水泥砂浆的碳化过程是水泥砂浆中性化的过程,是 CO_2 气体在其中扩散并与 $Ca(OH)_2$ 发生反应的过程,其化学反应为:

$$Ca(OH)_2 + CO_2 \longrightarrow CaCO_3 + H_2O$$

碳化速度主要取决于 CO_2 气体在其中的扩散速度和水泥砂浆本身碱贮备的多少(即水泥砂浆中和 CO_2 气体反应的能力)。普通硅酸盐水泥水化物中的 $Ca(OH)_2$ 含量约占 25%,这些 $Ca(OH)_2$ 在硬化水泥砂浆中结晶或在空隙中以饱和水溶液的形式存在,因为 $Ca(OH)_2$ 的 pH 值为 12~13,所以新鲜的水泥砂浆呈强碱性。当水泥砂浆遭受 CO_2 入侵时,由于碳化反应产生碳化产物,水泥砂浆的碱性降低,水泥砂浆碳化过程是由扩散速度控制的化学反应,碳化反应必须以 CO_2 气体扩散至砂浆内部为前提。由于水泥砂浆本身存在许多孔隙,因此碳化过程是无法避免的。气体在砂浆中的扩散速度则主要与砂浆的密实度、气孔结构有关。在水泥基材料中,碳化几乎能够改变水泥浆中的所有组分。

(17) 抗氯离子侵蚀性能 氯离子侵蚀是氯离子通过扩散进入水泥浆体与水化产物反应生成含氯复盐产生结晶膨胀导致破坏的一种腐蚀。材料抗氯离子扩散能力(扩散系数)的大小是评价其抗腐蚀能力的重要指标之一。ASTM1202—97、AASHTO—277 方法则认为氯离子渗透性的高低可以由所通过的电量大小来判断,通电量的大小与氯离子在水泥砂浆中的扩散有关。通过的电流越大,则总通电量越大,水泥砂浆的抗氯离子扩散性能就越差。

(18) 抗硫酸盐侵蚀性能 硫酸盐侵蚀主要是通过 SO_4^{2-} 的扩散进入水泥基材料内部,并与水泥水化产物发生化学反应,生成石膏与钙矾石,产生结晶膨胀应力而使混凝土结构产生破坏的一种腐蚀。当 SO_4^{2-} 与 $Ca(OH)_2$ 反应,生成 $CaSO_4$ 结晶或 SO_4^{2-} 与水化铝酸盐反应生成水化硫铝酸钙时,均产生结晶膨胀应力,造成水泥基材料受损甚至破坏。

(19) 抗酸侵蚀性能 由于污染的原因,空气中常常会含有一些酸性气体如二氧化硫、氮氧化物等,接触到水后就变成弱酸,其反应方程式为:

$$SO_2 + 2H_2O \longrightarrow 2H^+ + SO_4^{2-} + H_2$$

$$2NO_2 + 2H_2O \longrightarrow 2H^+ + 2NO_3^- + H_2$$

酸对水泥基材料的侵蚀主要是因为水泥水化产物为碱性的硅酸盐、铝酸盐以及相当数量的 $Ca(OH)_2$,酸性介质首先与 $Ca(OH)_2$ 发生反应,降低水泥基

8

材料的碱度。随着水泥基材料碱度的不断降低，水化硅酸钙和水化铝酸钙失去稳定性而水解、溶出，导致水泥基材料强度不断下降。

(20) 耐高温性能　耐高温性能是指预拌砂浆在较高温度条件下，保持其原有性能的能力。由于预拌砂浆尤其是防护砂浆、瓷砖胶黏剂、地面砂浆等会长期暴露在外界环境下，尤其是在夏季环境温度会达到30℃以上，而太阳照射下材料表面温度会更高，例如外保温系统防护砂浆在夏季其表面温度甚至会达到70℃以上。在一些特定使用场合，例如车间温度甚至会更高，在这些地方如果需要预拌砂浆，则预拌砂浆的耐高温性能必须考虑在内。例如瓷砖胶黏剂性能指标中就规定其耐热后的黏结抗拉强度应≥0.5MPa。

(21) 抗冻融性能　水泥基材料抗冻性是反应其耐久性的重要指标之一，是指水泥基材料处于水溶液冻融循环作用的过程中，抵抗冻融破坏的能力。水泥基材料遭受到的冻融循环破坏主要由两部分组成：一是其中的毛细孔在负温下发生物态变化，由水转化成冰，体积膨胀9％，因受毛细孔壁约束形成膨胀压力，从而在孔周围的微观结构中产生拉应力；二是当毛细孔水结成冰时，由凝胶孔中过冷水在水泥基材料微观结构中的迁移和重分布引起的渗透压。由于表面张力的作用，毛细孔隙中的水的冰点随着孔径的减小而降低；凝胶孔水形成冰核的温度在−78℃以下，因而由冰与过冷水的饱和蒸汽压差和过冷水之间的盐分浓度差引起水分迁移而形成渗透压力。另外凝胶不断增加，形成更大膨胀压力，当水泥基材料受冻时，这两种压力会损伤其内部微观结构，只有经过反复多次的冻融循环以后，损伤逐步积累不断扩大，发展成相互连通的裂缝，使其强度逐步降低，最后甚至完全丧失。所以饱和水状态是水泥基材料发生冻融破坏的必要条件之一，另一个必要条件是外界气温正负变化。这两个必要条件，决定了冻融破坏是从水泥基材料表面开始的层层剥蚀破坏。

预拌砂浆尤其是经常与水接触的防水砂浆、地面砂浆等常常会受到冻融循环的破坏作用，因此在工程应用过程中有必要考虑其抗冻融性能。

1.1.4　标记符号

用于预拌砂浆标记的符号，应根据其分类及使用材料的不同按下列规定使用。普通预拌砂浆标记符号用砂浆类别、强度等级和水泥品种符号结合表示。普通湿拌砂浆标记符号可按砂浆类别、强度等级、稠度和凝结时间的组合表示。其中水泥品种用其代号表示，稠度和强度等级用数字表示，常用砂浆种类标记符号见表1-1。

表 1-1　砂浆种类标号

种类	符号	种类	符号
预拌砂浆	DM	湿拌砂浆	WM
干拌砌筑砂浆	DMM	湿拌砌筑砂浆	WMM
干拌抹灰砂浆	DPM	湿拌抹灰砂浆	WPM
干拌地面砂浆	DSM	湿拌地面砂浆	WSM

注：例如砂浆编号为 DMM 10—P.O，表示用普通硅酸盐水泥制成的强度等级为 10MPa 的干拌砌筑砂浆。

1.1.5　技术要求

(1) 一般规定

① 预拌砂浆的原材料、砂浆拌合料和硬化后的砂浆硬化体的技术性能指标均应符合设计要求及 DGJ32/J13—2005《预拌砂浆技术规程》的有关规定。

② 预拌砂浆以 70.7mm×70.7mm×70.7mm 立方体、28d 标准养护试件的抗压强度划分等级。

③ 预拌砂浆放射性核素放射性比活度应满足 GB 6566《建筑材料放射性核素限量》标准的规定。

④ 预拌砂浆与传统砂浆的对应关系见表 1-2，可根据其强度要求选用各类预拌砂浆。

(2) 预拌砂浆质量标准

① 干拌砌筑砂浆的等级有 DMM30、DMM25、DMM20、DMM15、DMM10、DMM7.5、DMM5.0 等，根据江苏省 DGJ32/J13—2005《预拌砂浆技术规程》其性能指标要求列于表 1-3。

表 1-2　预拌砂浆与传统砂浆对应关系

品种	型号规格	28d 抗压强度/MPa	稠度/mm	分层度/mm	传统砂浆	使用范围
砌筑砂浆 DM	DMM5.0	5.0	≤90	≤25	M5.0 混合砂浆	一般砂浆
					M5.0 水泥砂浆	
	DMM7.5	7.5			M7.5 混合砂浆	中强砂浆
					M7.5 水泥砂浆	
	DMM10	10			M10 混合砂浆	
					M10 水泥砂浆	
	DMM15	15			M15 混合砂浆	高强砂浆
	DMM20	20			M20 混合砂浆	
	DMM25	25			M25 混合砂浆	
	DMM30	30			M30 混合砂浆	

品种	型号规格	28d 抗压强度/MPa	稠度/mm	分层度/mm	传统砂浆	使用范围
抹灰砂浆 DP	DPM5.0	5.0	≤110	≤20	1∶1∶6 混合砂浆	一般砂浆
	DPM7.5	7.5			1∶1∶5 混合砂浆	一般砂浆
	DPM10	10			1∶1∶4 混合砂浆	中强砂浆
	DPM15	15			1∶1∶3 混合砂浆或 1∶3 水泥砂浆	高强砂浆
	DPM20	20			1∶1∶2 混合砂浆	高强砂浆
					1∶2 与 1∶2.5 水泥砂浆	
地面砂浆 DS	DSM15	15	≤50	≤20	1∶2 水泥砂浆	高强砂浆
	DSM20	20				
	DSM25	25				

表 1-3　干拌砌筑砂浆的性能

强度等级	稠度/mm	保水率/%	28d 抗压强度/MPa	凝结时间/h	28d 收缩率/%
DMM30	≤90	88	≥30.0	≤10	≤0.5
DMM25			≥25.0		
DMM20			≥20.0		
DMM15			≥15.0		
DMM10			≥10.0		
DMM7.5			≥7.5		
DMM5.0			≥5.0		

② 干拌抹灰砂浆的等级有 DPM20、DPM15、DPM10、DPM7.5、DPM5.0 等，其性能指标要求列于表 1-4。

表 1-4　干拌抹灰砂浆的性能

强度等级	稠度/mm	保水率/%	28d 抗压强度/MPa	凝结时间/h	黏结强度/MPa	28d 收缩率/%	抗渗性
DPM20	≤110	≥92	≥20.0	≤10	≥0.3	≤0.5	满足设计要求
DPM15			≥15.0				
DPM10			≥10.0				
DPM7.5			≥7.5				
DPM5.0			≥5.0				

③ 干拌地面砂浆的等级有 DSM25、DSM20、DSM15 等，其性能指标要求列于表 1-5。

表 1-5　干拌地面砂浆的基本性能

强度等级	稠度/mm	保水率/%	28d 抗压强度/MPa	凝结时间/h	28d 收缩率/%
DSM25	≤50	≥90	≥25.0	≤10	≤0.5
DSM20			≥20.0		
DSM15			≥15.0		

1.2 预拌砂浆的特点

1.2.1 预拌砂浆的优点

(1) 质量稳定 预拌砂浆的生产有科学的实验室试配,严格的性能检验,精确的计量设备,大规模自动化生产,全程电脑控制,搅拌均匀度高,质量可靠且稳定,可以最大限度地避免传统砂浆现场计量不准确等原因造成的开裂、空鼓、脱落、渗漏、地面起粉起砂、工程返修率高等质量问题。

(2) 品种丰富 预拌砂浆一次供货量大,特别适用于常用砌筑、抹面和地面处理等。另外预拌砂浆的生产灵活性强,可根据用户不同的需求生产出具有防水、保温、隔热、防火、装饰等性能的特种砂浆,满足不同的施工工艺和设计需求。

(3) 文明施工 在施工中使用预拌砂浆,不需要水泥、砂石的运输,也不需要原材料堆放场地、专用的干燥设备和包装设备,施工场地占用小、噪声小、粉尘排放量小,减少了对周边环境的污染,有利于文明施工。

(4) 提高工效 预拌砂浆适合采用机械化施工,可以大大缩短工程建设周期,同时提高工程质量,且可大量节省后期的维修费用。即使是人工施工,由于预拌砂浆质量稳定,使用起来比较方便,也可以提高工效一倍以上。有利于提高工效,加快施工进度。

(5) 节能降耗 在工程建设中,造成材料浪费的主要原因是水泥、砂石等原材料驳运途中的遗漏,现场搅拌时的扬尘和损耗,成品运送和施工过程中的落地等。如果使用预拌砂浆,加上机械化施工,不存在水泥、砂石遗漏问题,也没有现场搅拌的损耗,降低了施工中的落地砂浆量,材料损耗及浪费将大大减少。

1.2.2 预拌砂浆给施工、建设单位带来的好处

对施工单位,与现场搅拌砂浆相比,预拌砂浆可以免去施工企业原材料采购、运输、堆放、加工,实验室配比测试、现场搅拌生产质量控制等一系列过程,降低企业的运营成本。购买预拌砂浆,只需提前向生产单位订货,由生产单位负责运送预拌砂浆。施工经验表明,传统的现场搅拌砂浆每人每天抹灰量 15m²,而预拌砂浆的机械施工每人每天抹灰量可达 60m²,效率提高。

对建设单位而言,预拌砂浆能够缩短工期,还能降低建设成本。在保证施工质量的前提下,预拌砂浆的施工厚度比现场搅拌砂浆小,一是可以减少

砂浆用量，减轻建筑自重，二可增加使用面积（0.5％～1％），从而降低单位面积建设投资成本。由于预拌砂浆是工厂化生产，质量有保证，可以降低返工率，延长构筑物使用年限。

预拌砂浆工业化生产是现代建筑业发展到一定阶段的必然产物，禁止现场搅拌、使用预拌砂浆是建筑业的一项技术革命。无论是对于新建建筑还是改造建筑，预拌砂浆都是其中不可或缺的重要成分，更能大幅度降低建筑的二次施工率，在不断提高人们居住环境舒适度的同时，降低建筑耗能总量，有效缓解能源的供需矛盾，既具有实际经济意义，又具有重要的社会意义和环保价值。

1.3 预拌砂浆的发展现状及趋势

1.3.1 国外发展现状

预拌砂浆起源于 19 世纪的奥地利，直到 20 世纪 50 年代以后，欧洲的预拌砂浆才得到迅速发展，主要原因是第二次世界大战后欧洲需要大量建设，劳动力的短缺、工程质量的提高，以及环境保护要求，开始对建筑预拌砂浆进行系统研究和应用。到 20 世纪 60 年代，欧洲各国政府出台了建筑施工环境行业投资优惠等方面的导向性政策来推动建筑砂浆的发展，随后建筑预拌砂浆很快风靡西方发达国家。近年来，环境质量要求更加提高对建筑砂浆工业化生产的重视。

（1）德国预拌砂浆发展情况　德国是世界预拌砂浆最发达的国家之一，国土面积 36 万平方公里，人口约 8200 万，2002 年水泥用量为 2880 万吨，其中用于商品混凝土的为 1340 万吨（占 46％）、用于混凝土预制构件的为 940 万吨（占 33％）、用于现拌混凝土的为 250 万吨（占 9％）、用于商品砂浆的为 180 万吨（占 6％）、用于其他项目的为 170 万吨（占 6％），水泥的平均价格为人民币 800～900 元/吨。1999 年德国建筑砂浆用量为 1143 万吨，其中预拌砂浆占 87％，现拌砂浆占 13％。预拌砂浆用量为 995 万吨，平均价格为 1000～1200 元/吨，产值约 110 亿元（人民币），其中抹灰砂浆为 308 万吨（占 31％）、砌筑砂浆为 241 万吨（占 24％）、装饰砂浆为 81 万吨（占 8％）、特种砂浆为 332 万吨（占 34％）、干拌混凝土（细石混凝土）为 34 万吨（占 3％）。到 2000 年，德国有年产 10 万吨生产规模以上的工厂 150 多家，大约每 50 万人口就拥有 1 家大型干粉建材厂，其中麦克思特（Maxit）集团在德国及欧洲其他国家拥有 30 多家干粉建材厂，2000 年年产干粉建材约 300 万吨，在德国的市场占有率约为 20％。欧美国家中，每 100

万人口的城市就有两个预拌砂浆生产厂，规模一般为 30～50 万吨/年。2001年欧洲预拌砂浆的总消耗量约为 7000 万吨。

(2) 韩国预拌砂浆发展情况　近数十年来，韩国经济有较快的发展势头。经济的发展为以水泥和混凝土为主要原料的建筑产业的发展创造了良好的条件。目前，韩国地面用、装饰用普通型预拌砂浆加起来有约 300 万吨的市场。预计今后 5 年里预拌砂浆将会占整个市场的 80%以上份额。特殊预拌砂浆在韩国应用的主要有喷射砂浆（30 万吨/年）、瓷砖黏结剂（22 万吨/年）、修补砂浆（6 万吨/年）、腻子类（1.5 万吨/年）、自流平（1.4 万吨/年）、石膏黏合剂（3 万吨/年）、填缝剂（6 万吨/年）、防水砂浆（2 万吨/年）、保温砂浆（2 万吨/年）、耐火砂浆（4.5 万吨/年）。

(3) 新加坡预拌砂浆发展情况　新加坡是世界上第一个禁止施工现场搅拌砂浆的国家，1984 年，"双龙"公司建立第一个预拌砂浆生产厂，生产墙面抹灰砂浆，年产量不足 1 万吨，其他产品开始主要依靠进口。近年来，政府规定所有砂浆必须"干粉"化，因而生产规模迅速扩大。到 2000 年为止，260 万人口的新加坡已拥有 130 万吨干混砂浆的年生产能力，并将在 1～2年内达到 150～180 万吨的年生产能力。

1.3.2　国内发展现状及趋势

1.3.2.1　取得的成就

我国预拌砂浆技术研究始于 20 世纪 80 年代，直到 90 年代末期，才开始出现具有一定规模的预拌砂浆生产企业。进入 21 世纪以来，在市场推动和政策干预的双重作用下，我国预拌砂浆行业已逐步从市场导入期向快速成长期过渡。随着国家相关政策的推动，国外先进理念和先进技术的引进，以及各级政府、生产企业、用户的积极努力，我国预拌砂浆行业稳步发展。预拌砂浆科研开发、装备制造、原料供应、产品生产、物流及产品应用的完整产业链已初步形成。具体成就体现在以下几方面。

(1) 在政策和管理层面上　2007 年 6 月 6 日，商务部、公安部、建设部、交通部、质检总局、环保总局 6 部门联合颁布了《关于在部分城市限期禁止现场搅拌砂浆工作的通知》（商改发 ［2007］ 205 号）。要求北京市等127 个城市从 2007 年 9 月 1 日起，分 3 年时间、先后分 3 批分别实施禁止在施工现场搅拌砂浆。同年 8 月 1 日，商务部在北京召开"全国部分城市限期禁止现场搅拌砂浆工作现场会"，姜增伟副部长在会上作了《贯彻节能减排方针抓好城市"禁现"工作促进散装水泥发展再上新台阶》的讲话，进一步强调了充分认识开展"禁现"和发展散装水泥的重要意义，对全国"禁现"

工作做了全面部署并提出了具体要求。2008 年 8 月 29 日正式颁布的中华人民共和国《循环经济促进法》中明确规定了"鼓励使用散装水泥,推广使用预拌混凝土和预拌砂浆",这就为预拌砂浆的发展提供了有力的法律依据和行政执法保证,对进一步提高预拌砂浆的推广力度起到极为重要的积极作用。为做好"禁现"工作,各地采取了一系列有效措施将"禁现"工作落实到位。江苏省常州市在实践中首先提出了"政府推动,企业跟进,市场化运作"的做法,在全国城市中引起了极大的反响。因为在预拌砂浆推广之初,社会认知度很低,所以政府推动工作很重要。政府通过出台文件,表明对预拌砂浆的支持力度,展现未来发展趋势,为生产者划定了一个有形市场,政府通过相关部门的联动,来推动市场的形成。然后企业跟进是关键,政府积极性再高,没有企业的跟进,政府文件只能是一纸空文,着重要做好三方面工作:一是宣传引导;二是典型引路;三是技术和管理的全面服务。最终市场化运作是根本,在市场经济条件下,只有根据市场规律办事,城市禁止现场搅拌砂浆工作才能得到推广。在实际工作中要十分重视三者之间统一协调发展。其他各相关省市相继建立了相应的部门协调机制;出台了切实可行的政策法规;根据试点先行、稳妥起步的原则,组织开展预拌砂浆工程项目应用试点工作;将使用预拌砂浆纳入工程建设项目相关要求中;编制操作规程和技术标准;大力开展科研攻关,为预拌砂浆产业发展提供技术支撑;编写培训教材,组织人员培训等。在组织管理上,全国 941 家散装水泥办公室的 5000 多专职管理人员,积极配合各级政府部门,全面落实科学发展观。坚持以促进发展循环经济,实施节能减排战略为指导思想,为推动预拌砂浆产业发展扎实工作,成为促进我国预拌砂浆健康快速发展最积极、最活跃的力量。

(2) 在技术层面上　预拌砂浆发展初期,先是世界知名企业在中国建造预拌砂浆生产企业,如德国 Maxit 集团、汉高公司、法国圣哥班等,这些公司不仅给中国带来了先进的技术和设备,同时也带来了国际先进的管理经验,对推动我国预拌砂浆的发展提供了很大的帮助。

随后,我国的企业家也向预拌砂浆领域渗透,起初主要是引进国外技术和设备生产、使用预拌砂浆,投资大,生产成本较高。近几年在国家及各级政府的扶持和政策引导下,一些企业协同科研院所和大专院校的科技力量,纷纷投资自主研发预拌砂浆生产、流通、使用的相关设施设备,并与相关行业协会共同努力,在标准化、产品认定、市场准入等方面取得了突破性进展。目前全国主要预拌砂浆生产设备企业 20 余家,物流设施制造企业十几家,施工设备生产企业 10 余家,技术水平正逐步达到国外先进水平,初步形成了我国预拌砂浆相关设施设备的国产化,大大降低了预拌砂浆的生产、物流、施工成本,基本满足了国内预拌砂浆市场的需求。无锡江加科技发展有限公司、南京天印科技有限公司等企业已成为预拌砂浆设施设备的领军企业,产品的市场份额相当高。

(3) 在市场层面上 2009 年统计数据显示,全国普通预拌砂浆生产企业 209 家,设计能力 4040.1 万吨,实际产量为 531.22 万吨,预拌砂浆罐车 194 辆,移动筒仓 2046 个,干粉砂浆背罐车 74 辆。目前我国经济发展较快的长江三角洲、珠江三角洲和环渤海地区仍然是预拌砂浆发展最快的三个地区,80%以上的预拌砂浆企业都集中在此。上海市是我国开展建筑砂浆科研工作最早的城市之一,也是目前发展预拌砂浆生产量最大的地区;北京市近几年预拌砂浆市场异常活跃。特别是北京奥运工程对预拌砂浆的使用,如国家体育场(鸟巢)和国家游泳中心(水立方)建设都被北京市建委作为预拌砂浆应用示范项目率先使用预拌砂浆;广州市预拌砂浆市场稳步发展;天津市以建筑施工示范工程为市场拉动点,预拌砂浆市场发展速度也较为速猛;近两年,郑州、成都、南昌等地预拌砂浆市场得到了较快发展,上海、北京、广州、常州等城市的预拌砂浆市场相对趋于成熟。

1.3.2.2 我国预拌砂浆发展存在的主要问题

尽管目前我国预拌砂浆在政策体系和组织管理建设中取得了一定进展,但发展进程中的问题也日益突出,主要表现在以下几方面。

① 由于价格偏高和社会认知度较低等原因,我国预拌砂浆发展单靠市场推动难度比较大,目前我国预拌砂浆发展主要靠政策强制推动。虽然我国目前在很多地区出台了推广预拌砂浆应用的政策,但目前这些政策的执行力度没有得到充分体现。据有关部门调查显示,"政府支持力度不到位"是各地各企业提及率最高的困难,提及率达到 52.6%;同时也是被认为在众多困难中最大的困难,使得落后的施工方式还有很大的存在空间。但这些政策都不带有强制性,未规定如果违规将受到何种处罚,这也是今后我国各级政府在推广预拌砂浆工作中需完善的地方。

② 预拌砂浆行业门槛较低,进出相对较易,我国大多数预拌砂浆生产企业的生产设备还比较简陋。我国劳动力廉价,目前建筑施工仍以手工作业为主,现代化的施工机具还没有广泛应用,施工效率低,施工质量稳定性差,这些已成为制约预拌砂浆施工应用技术发展的主要因素。对物流配送技术、施工机具、配套材料、施工工艺等进行系统集成研究,是预拌砂浆应用技术的重点。

③ 企业投资持观望态度。投资企业认识到预拌砂浆产品的潜力和经济

价值，但又心存疑虑，一方面受第一批试点城市推广进度影响，对政策和政府部门的推广力度把握不准、信心不足；另一方面，又怕一旦推广使用，会像预拌混凝土那样一哄而上。因此，许多企业尚在等待观望之中，处于想上又不敢上的两难境地。

④ 价格成为制约推广应用的重要瓶颈。20 世纪的 90 年代，欧洲发达地区的预拌砂浆使用率已达到 90% 以上。但在中国，预拌砂浆还是一个新名词、新事物。预拌砂浆实行工厂化生产，一次性投资大，一般企业难以承受；同时，生产砂浆产品的相关原材料价格不断上涨，加之生产工艺的技术要求，砂子要经过高温烘干处理，预拌砂浆的生产成本较高，据测算，与现场搅拌相比，预拌砂浆的价格是其两倍多。加之施工方受眼前经济利益驱动较为突出，使用预拌砂浆在施工方遇到较大的阻力，因此，价格成为推广预拌砂浆的主要瓶颈。

⑤ 物流设施投资成本大。推广预拌砂浆是水泥散装化的有效措施，推广使用预拌砂浆必须有配套的物流设施装备。目前，在预拌砂浆领域的社会性投资还很少，生产企业不仅要投资建设生产线，还要投入大量资金配备物流装备，而目前的物流设备的投资要高于生产线的建设成本。因此，企业在投资建设生产线的同时，要购置昂贵的物流设施，加大了企业投资的成本，提高了投资风险，这就成为制约预拌砂浆推广进度的又一因素。

⑥ 宣传工作尚未跟上。目前除关心砂浆发展的企业及政府主管部门外，社会上对砂浆的认知还处于萌芽状态，尤其对政府领导、使用单位的宣传力度尚未到位，导致推广预拌砂浆进展缓慢。

⑦ 政策强制性不够，监督执行不到位现象严重。我国现行出台的预拌砂浆推广应用政策大都为部门规章，政策执行的协同力度普遍较低，特别是建设部门对预拌砂浆应用的认识瓶颈，使预拌砂浆的应用步履维艰，有些城市预拌砂浆发展的各种条件都已具备，由于建设、施工单位拒绝使用预拌砂浆，严重困扰着预拌砂浆的市场发展。

1.3.2.3 发展方向

预拌砂浆的推广应用虽然困难重重，但只要从以下几方面着手，突破"重围"将指日可待。

① 消除企业投资顾虑，增加信心。大部分企业目前对预拌砂浆持观望态度，必须尽最大的努力，消除企业投资顾虑，培育预拌砂浆市场。首先，政府应尽快出台规范预拌砂浆行业相关配套管理办法；其次，加大对预拌砂浆行业的监督检查力度，维护市场正常发展秩序；再次，加强引导，合理布局，确保预拌砂浆企业健康发展；最后，加大宣传，向政府领导及施工使用

单位宣传预拌砂浆的综合社会效益，鼓励其使用预拌砂浆。同时，政府主管部门要根据出台的规定办法中确定的时间、范围等情况及时通报，以此促进推广工作，让企业看到政府对该项工作推广的决心。

② 共同分担，消化价格瓶颈。推广预拌砂浆得益的是全社会，就不应该让企业独自承担高价格带来的风险。在充分调动企业的积极性的同时，政府必须出台切实有效的优惠政策来扶持这项新兴事业，特别是散装水泥专项资金在关键时刻应充分发挥其杠杆作用，真正做到专款专用，相信这也是国家继续保留散装水泥专项资金的真正目的。

③ 技术创新，挖掘管理潜力。预拌砂浆是一项科技含量较高的新技术，企业必须以科技为本，积极探索创新，不断提高企业产品的科技含量，严把企业采购关，加强生产环节管理和成本核算，探索综合资源的利用，加强内部工作人员培训，以优质的产品、合理的价格，面向市场的竞争。

④ 转变思路，创新物流营销模式。推广预拌砂浆关键是价格，除了预拌砂浆自身的高成本，还有配套物流设施、设备的高价格制约了预拌砂浆的推广。的确，投资一整套的物流设施需要很多资金。因此，必须创新经营模式，建立砂浆物流配送中心。砂浆物流配送中心其实质意义是一个中介机构，介于生产企业和使用环节之间。一个完善的物流配送中心，应该是具备满足向目标市场供应砂浆所需的配套物流设施、设备，有足够的运输能力，在生产企业和使用环节间起调度作用的一个经济实体。

⑤ 政府部门狠抓落实，形成上下联动工作局面。建议商务部、建设部及时组成联合抽查组，对限期"禁现"城市进行督导，并适时制定促进预拌砂浆发展相应配套措施，形成自上而下的推广预拌砂浆工作联动机制，保证预拌砂浆行业的顺畅发展。

⑥ 强化宣传，提高预拌砂浆的社会认知度。应充分利用各类宣传媒体和散装水泥宣传周的机会，大力宣传预拌砂浆对促进节能减排的重要意义，努力实现推广应用预拌砂浆的舆论氛围，让全社会了解、认识预拌砂浆。

⑦ 加强预拌砂浆产品的认证和企业备案登记工作。预拌砂浆作为一个正在快速兴起的行业，正经历所有成熟行业前期所面临的市场规范化的问题。预拌砂浆认证和企业备案登记工作的开展，将从源头上促进我国预拌砂浆行业和建设工程质量管理，为有效规范产品和相关设施设备的市场秩序提供保障和依据。

1.4 预拌砂浆的政策支持

据悉，自 2009 年 6 月以来，上到国家各部委，下到各地市纷纷出台了对预拌砂浆的生产、使用和管理办法。各地的政策法规相继如雨后春笋般地颁布，一时引来一股对预拌砂浆事业政策支持的"暖流"。

这些政策法规的相继出台，一方面说明各级主管部门对预拌砂浆事业越来越重视。另一方面则说明，我国的预拌砂浆事业发展的各个环节越来越完善，预示着预拌砂浆事业的发展将越来越规范。可以做到有法可依，有据可循，大量政策的出台，将促使我国预拌砂浆事业驶入健康发展的快车道。

据统计，自 2009 年 6 月以来，针对预拌砂浆事业的发展，在国家各部委的带动下，各省市上行下效，相继出台的政策如下：2009 年 7 月 19 日，国务院办公厅印发了《启动第三批"禁止现场搅拌砂浆工作"列入国务院2009 年节能减排工作安排》、2009 年 7 月 20 日《商务部、住房和城乡建设部关于进一步做好城市禁止现场搅拌砂浆工作的通知》、2009 年 7 月 28 日《吉林市散装水泥和预拌混凝土、预拌砂浆管理办法》出台并将于 9 月 1 日起实施、2009 年 7 月 31 日浙江省十一届人大常委会第十二次会议通过《浙江省促进散装水泥发展和应用条例》、2009 年 6 月 15 日《镇江市发展预拌砂浆管理办法》出台、2009 年 6 月 24 日《南通市预拌砂浆管理规定》出台、2009 年 6 月 30 日《济南市预拌砂浆质量管理规定》出台、2009 年 7 月28 日《盐城市发展预拌砂浆管理办法》颁发等。

自 2009 年 6 月份以来，在国家部委的带动下，一花引来万花开，各个省市针对预拌砂浆事业各项政策陆续出台，充分说明主管部门把对散装水泥和预拌混凝土的重视转移到预拌砂浆的发展工作上来，究其原因如下。

① 对于散装水泥和预拌混凝土而言，发展相对成熟，相关政策的制定和颁布也基本到位，而对于预拌砂浆这样的新生事物，各个方面还不完善，亟需政策来进行引导和规范，以促其健康发展。

② 我国目前预拌砂浆事业的发展处于初级阶段，任何事物在发展的初期阶段都尤为艰难，各个环节的落实和实施都需要政策的规范、约束和引导。

③ 预拌砂浆的发展将成为今后工作的重点，抓好预拌砂浆工作将是促进整个散装水泥事业向前发展的根本，而要促使预拌砂浆工作又快又好地发展就需要相关政策来保驾护航。

针对预拌砂浆发展政策的相继出台，将极大地促进我国预拌砂浆事业的稳步发展，政策在预拌砂浆事业的发展过程中将发挥以下作用。

(1) 导向作用　政策的颁布将为预拌砂浆事业的发展指明方向，例如，在《浙江省促进散装水泥发展和应用条例》和《江都市散装水泥和预拌混凝土及预拌砂浆管理办法》中就明确指出要促进散装水泥、预拌混凝土、预拌砂浆工作的共同发展。也就是要促进散装水泥、预拌混凝土、预拌砂浆事业"三位一体"的发展模式。而实践证明，"三位一体"的发展模式将是未来推动预拌砂浆事业发展的先进工作方式和方法。

(2) 规范作用　各地对预拌砂浆管理办法的出台，就直接对主管部门、生产企业、使用者起到规范作用，促使各方明确在使用预拌砂浆工作中的责任和义务，在法律上对各方进行约束和管理。

(3) 调控作用　政策对企业的调控，对市场的调控都是显而易见的。政策的导向与扶持，可以促进产业和市场的繁荣。在政策的扶持下，预拌砂浆产业和市场将得到前所未有的发展。

总之，预拌砂浆事业发展还需要政策的支持，政策将是预拌砂浆事业发展最有利的保障。相关主管部门要将政策落到细处，落到实处，认真抓好预拌砂浆工作中的每一个环节，促使预拌砂浆事业迎来它发展的春天。

1.5　预拌砂浆行业市场准入

商务部、建设部等六部局《关于在部分城市限期禁止现场搅拌砂浆工作的通知》（商改发［2007］205号）中第三条明确指出："各地要根据上述时间表和本地实际情况，制定发展预拌砂浆规划及预拌砂浆生产、使用管理办法，采取有效措施扶持预拌砂浆生产和物流配送企业发展，严把市场准入关。"商务部和住房和城乡建设部《关于进一步做好城市禁止现场搅拌砂浆工作的通知》（商贸发［2009］361号）第二条明确指出："预拌砂浆生产企业要向所在城市散装水泥办公室备案，并符合本市砂浆发展规划布局要求。"各地在贯彻要求开展市场准入中开创了许多好的做法。

在规范企业市场准入，引导行业健康发展方面，2007年江苏省常州市散办就制订了《常州市预拌砂浆产品备案登记管理办法》，明确规定凡是要申报预拌砂浆生产的企业，首先到市散办办理立项登记，工厂生产设备调试结束进入正式生产前，必须按江苏省预拌砂浆技术规程中所规定三大类15个品种做出小样，在散办人员现场监督下，封样送省检测中心检测。15个小样的形式试验全部通过后，工厂按照"备案登记"八大方面汇总材料（见表1-6），由市散办办理产品备案登记后方能进行试生产，批量生产后再转入正常生产。目前常州的这套市场准入办法经实践证明是行之有效的，并被江苏省经贸委、建设厅认可，省散办已经在全省范围内规范了这项工作，省市联动推动这项工作，在市场准入的管理上进一步得到了保证。

表 1-6　常州市预拌干混砂浆备案登记资料

序号	内　　　容		
1	常州市预拌砂浆备案登记申请表		
2	立项申请报告（常州市散装水泥办公室）		
3	企业情况		
4	营业执照复印件		
5	组织机构代码证书复印件		
6	产品执行标准		
7	生产场地平面图		
8	技经人员花名册		
9	项目环境影响报告及环保行政许可决定书		
10	生产工艺流程及质量控制点		
11	产品形式检验报告		
12	试验室仪器清单		
13	仪器计量检定报告		
14	试验室人员上岗合格证书		
15	管理制度	(1)质量手册和程序文件	
		(2)技术开发部管理制度	①实验室工作人员岗位职责
			②实验室工作综合管理制度
			③实验室工作要求
			④实验室药品管理制度
			⑤实验室操作工工作制度
		(3)品质部管理制度	①干粉砂浆原材料检验项目和依据
			②干粉砂浆成品检验
			③干粉砂浆成品检验方法
			④干粉砂浆生产过程控制
			⑤干粉砂浆样品抽样及保管制度
			⑥干粉砂浆原材料检验方法
			⑦干粉砂浆原材料检验制度
		(4)制造部管理制度	①生产过程质量管理制度
			②生产设备管理制度
			③生产安全管理制度
16	产品合格证		
17	产品送货单		

　　在立项登记时，常州市散办坚持高起点、高标准、突出节能减排，走科技兴业之路。具体说，每个新办企业必须达到一定规模，试验室人员要求持证上岗，企业具有自主研发机构，还必须寻求一个大专院校和科研单位的合作，重点发展干粉砂浆，生产企业必须具备 70%以上散装化发放能力，产

品销售要达到 80% 以上为散装，烘干系统热效率要达到 65% 以上，实现综合利用。企业建厂初期，他们就向预拌砂浆生产企业提出合理利用工业废弃物的要求，这样不仅可以提高产品质量，而且可以大大地节约资源，降低成本，为企业和社会获取更多的效益。

1.6 预拌砂浆行业发展规划布局

禁现城市散装水泥主管部门要根据国家产业政策、本地经济社会发展和建设市场需求，科学合理编制本市预拌砂浆规划布局，是避免行业超规划发展带来的恶性竞争，也是保证预拌砂浆行业健康稳定发展的有效措施。规划布局总原则要体现超前引导、合理布局、资源整合、技术领先、可持续发展。全国各地有关城市围绕这一目标开展了有效的尝试，现以浙江省嘉兴市的具体做法为例，做简要介绍。

(1) 规划新建企业数　对新批的预拌砂浆生产线项目，要按照统一规划、合理布局原则，整合现有资源，提倡利用现有水泥企业、预拌混凝土企业、预制构件企业及其基础设施，建设预拌砂浆生产线。

按照市场供求总量平衡计算，到 2015 年全市规划设立预拌砂浆生产企业暂定 10 家，其中 8 家是新建企业，2 家是利用现有水泥企业改造而成。新生产线设置计划是：在五县（市）各 1 家，嘉兴港区 1 家，秀洲区 1 家，老厂改建 2 家，市级 1 家。要求每家企业设计能力不低于 20 万吨，注册资本不少于 1000 万元。10 家预拌砂浆生产企业年总设计生产能力达到 260 万吨。

今后改建、新建预拌砂浆企业必须符合本规划要求，事先进行环境评估和对新办企业进行备案认定工作，并根据相关规定办理审批手续。

(2) 布局体现总量控制　生产企业数量和能力必须遵循与市场需求相匹配，合理选址、布局，综合考虑物流效益。在选址、布局中严格实施公平、公正、公开，鼓励竞争。分阶段实施规划，前期注重引导和鼓励，后期注重总量平衡。

(3) 预拌砂浆生产企业数量和产能的确定　到 2015 年，嘉兴市预拌砂浆企业达到 10 家，见表 1-7。要求这 10 家企业在预拌砂浆产业链或所供应的预拌砂浆的用途上各有特色，实行差异化发展、产品特色化竞争，使嘉兴市预拌砂浆行业后来居上，注重在质量和服务上进入全国优秀预拌砂浆企业的行列中。[规划期内，各县（市、区）、嘉兴经济开发区、嘉兴港区各新建一条预拌砂浆生产线，共 8 条，另外 2 条是改建。]

(4) 布局方案　见表 1-8。

表 1-7　2010～2015 年预拌砂浆分年度企业产能计划

年份	新增企业数	拟建厂地区	新增生产能力/万吨
2010 年	5	秀洲海盐平湖海宁市级	150
2011 年	1	桐乡	30
2012 年	1	港区	20
2013 年	1	海宁	20
2014 年	1	嘉善	20
2015 年	1	平湖	20

表 1-8　嘉兴市预拌砂浆企业布局方案

地区	新增企业数/家	新增生产能力/万吨	地区	新增企业数/家	新增生产能力/万吨
桐乡	1	30	嘉善	1	20
海宁	2	60	市级	1	30
秀洲	1	20	嘉兴港区	1	20
海盐	1	20	合计	10	260
平湖	2	60			

(5) 预拌砂浆行业分年度实施计划　见表 1-9。

表 1-9　2010～2015 年预拌砂浆分年度实施计划　单位：万吨

年份	预拌砂浆供应量	普通砂浆量	特种砂浆量	企业数量	总设计生产能力
2009 年	15.05			6	230
2010 年	18	12	6	11	380
2011 年	60	40	20	12	410
2012 年	100	65	35	13	430
2013 年	150	100	50	14	450
2014 年	200	130	70	15	470
2015 年	250	160	90	16	490

　　注：普通砂浆主要包括砌筑砂浆、抹灰砂浆、地面砂浆。砌筑砂浆、抹灰砂浆主要用于承重墙、非承重墙中各种混凝土砖、粉煤灰砖和黏土砖的砌筑和抹灰，地面砂浆用于普通及特殊场合的地面找平。

　　特种砂浆包括保温砂浆、装饰砂浆、自流平砂浆、防水砂浆等，其用途也多种多样，广泛用于建筑外墙保温、室内装饰修补等。

参 考 文 献

[1] 王培铭．商品砂浆．北京：化学工业出版社，2008.

[2] 沈春林．商品砂浆．北京：中国标准出版社，2007.

[3] 傅德海等．干粉砂浆应用指南．北京：中国建材工业出版社，2006.

2 预拌砂浆生产原料及选用

预拌砂浆的基本组成材料包括水泥、石膏、石灰等胶凝材料，天然砂、人工砂、轻集料等骨料，石灰石粉、粉煤灰、粒化高炉矿渣粉、硅灰、沸石粉、膨润土等矿物掺合料，可再分散乳胶粉、纤维素醚、淀粉醚、纤维、减水剂、缓凝剂等添加剂。本章着重对预拌砂浆的每一种原材料性能进行分析，说明其用于预拌砂浆的优劣，提出使用原材料的注意事项。

2.1 胶凝材料

胶凝材料一般分为无机胶凝材料和有机胶凝材料两大类。通常建筑上所用的胶凝材料是指无机胶凝材料，当其与水或水溶液拌和后所形成的浆体，经过一系列的物理、化学作用后，能逐渐硬化并形成具有强度的人造石。

无机胶凝材料一般分为水硬性胶凝材料和气硬性胶凝材料两大类。气硬性胶凝材料只能在空气中硬化，而不能在水中硬化，如石灰、石膏、镁质胶凝材料等，这类材料一般只适用于地上或干燥环境，而不适宜潮湿环境，更不能用于水中。水硬性胶凝材料既能在空气中硬化，又能在水中硬化，这类材料通常称为水泥，如硅酸盐水泥、铝酸盐水泥、硫铝酸盐水泥等。

用于混凝土中的水泥，如硅酸盐水泥、普通硅酸盐水泥、矿渣水泥等都可用于砂浆中。对于某些预拌砂浆，如自流平砂浆、灌浆砂浆、快速修补砂浆、堵漏剂等，因要求其具有早强快硬的特性，常常采用铝酸盐水泥、硫铝酸盐水泥、铁铝酸盐水泥等。

2.1.1 水泥

水泥按其主要水硬性物质名称可分为硅酸盐水泥、铝酸盐水泥、硫铝酸盐水泥等。硅酸盐水泥是土木建筑工程中用量最大、用途最广的一类水泥，它是以硅酸盐水泥熟料作为主要组分，根据混合材料的品种和掺量分为硅酸盐水泥、普通硅酸盐水泥、矿渣硅酸盐水泥、火山灰质硅酸盐水泥、粉煤灰硅酸盐水泥和复合硅酸盐水泥。各品种水泥的组分和代号见表2-1。

表 2-1　硅酸盐水泥的组分和代号（GB 175—2007）

品种	代号	组分/%				
		熟料＋石膏	粒化高炉矿渣	火山灰质混合材料	粉煤灰	石灰石
硅酸盐水泥	P.I	100	—	—	—	—
	P.Ⅱ	≥95	≤5	—	—	—
		≥95	—	—	—	≤5
普通硅酸盐水泥	P.O	≥80 且＜95	>5 且≤20			
矿渣硅酸盐水泥	P.S.A	≥50 且＜80	>20 且≤50	—	—	—
	P.S.B	≥30 且＜50	>50 且≤70	—	—	—
火山灰质硅酸盐水泥	P.P	≥60 且＜80	—	>20 且≤40	—	—
粉煤灰硅酸盐水泥	P.F	≥60 且＜80	—	—	>20 且≤40	—
复合硅酸盐水泥	P.C	≥50 且＜80	>20 且≤50			

(1) 硅酸盐水泥　硅酸盐水泥不掺混合材或混合材掺量很少（≤5 %），水泥强度等级较高，因此硅酸盐水泥适用于配制高强混凝土和预应力混凝土等，而不适用于配制普通砂浆。因为，配制普通砂浆时，为了满足砂浆工作性能要求，通常对水泥用量有最小值的限制，因而砂浆强度等级相对较低；如用硅酸盐水泥配制砂浆，这样所配制出的砂浆强度相对较高，势必造成水泥的浪费，而且砂浆的工作性能也不好。

(2) 普通硅酸盐水泥　普通硅酸盐水泥掺一定量的混合材，水泥强度等级适中，是目前建筑工程中用量最大的一种水泥。当用普通硅酸盐水泥配制砂浆时，水泥用量过大，则水泥强度较高，配制出的砂浆强度较高，造成水泥浪费，而当水泥用量少时，砂浆保水性较差，容易泌水。为了解决这一问题，通常在砂浆中掺入活性矿物掺合料，如粉煤灰等，这样既可以降低水泥的用量，又可以改善砂浆的和易性。

(3) 矿渣硅酸盐水泥　矿渣水泥中水泥熟料矿物的含量比硅酸盐水泥少得多，而且混合材在常温下水化反应比较缓慢，因此凝结硬化较慢。早期强度较低，但在硬化后期（28d 以后），由于水化产物增多，使水泥石强度不断增长，最后将超过硅酸盐水泥。一般来说，矿渣掺入量越多，早期强度越低，但后期强度增长率越大。

矿渣水泥需要较长时间的潮湿养护，外界温度对硬化速度的影响比硅酸盐水泥敏感。低温时，硬化速度较慢，早期强度显著降低；而采用蒸汽养护等湿热处理，可有效加快其硬化速度，且后期强度仍再增长。

矿渣水泥中混合材掺量较多，需水量较大，保水性较差，泌水性较大，拌制混凝土或砂浆时容易析出多余水分，在水泥石内部形成毛细管通道或粗大孔隙，降低均匀性。另外，矿渣水泥的干缩性较大，如养护不当，在未充分水化之前干燥，则易产生裂纹。因此矿渣水泥的抗冻性、抗渗性和抵抗干湿交替循环性能均不及普通水泥，但矿渣水泥具有较好的化学稳定性，抗淡水、海水和硫酸盐侵蚀能力较强。

(4) 火山灰质硅酸盐水泥　火山灰水泥强度发展与矿渣水泥相似，早期发展慢，后期发展较快。后期强度增长是由于混合材中的活性氧化物与氢氧化钙作用形成比硅酸盐水泥更多的水化硅酸钙凝胶所致。环境条件对其强度发展影响显著，环境温度低，凝结、硬化显著变慢；在干燥环境中，强度停止增长，且容易出现干缩裂缝，所以不宜用于冬期施工。

与矿渣水泥相似，火山灰水泥石中游离氢氧化钙含量低，也具有较高的抗硫酸盐侵蚀的性能。在酸性水中，特别是碳酸水中，火山灰水泥的抗蚀性较差，在大气中 CO_2 的长期作用下水化产物会分解，而使水泥石结构遭到破坏，因而这种水泥的抗大气稳定性较差。

火山灰水泥的需水量和泌水性与所掺混合材的种类有关，采用硬质混合材如凝灰岩时，则需水量与硅酸盐水泥相近，而采用软质混合材如硅藻土等时，则需水量较大、泌水性较小，但收缩变形较大。

(5) 粉煤灰硅酸盐水泥　粉煤灰球形玻璃体颗粒表面比较致密且活性较低，不易水化，故粉煤灰水泥水化硬化比较慢，早期强度较低，但后期强度可以赶上甚至超过普通水泥。

由于粉煤灰颗粒的结构比较致密，内比表面积小，而且含有球状玻璃体颗粒，其需水量小，因此该水泥的干缩性小，抗裂性较好，配制成的砂浆、混凝土和易性好。但粉煤灰水泥泌水较快，易引起失水裂缝，因此在砂浆凝结期间宜适当增加抹面次数。在硬化早期还宜加强养护，以保证砂浆强度的正常发展。

粉煤灰水泥水化热低，抗硫酸盐侵蚀能力较强，但次于矿渣水泥，且抗碳化能力差，抗冻性较差。

(6) 复合硅酸盐水泥　复合水泥的特性取决于其所掺混合材料的种类、掺量及相对比例，与矿渣水泥、火山灰水泥、粉煤灰水泥有不同程度的相似之处，其适用范围可根据其掺入的混合材种类，参照其他混合材水泥适用范围选用。

(7) 铝酸盐水泥　铝酸盐水泥是以矾土和石灰石作为主要原料，按适当比例配合后进行烧结或熔融，再经粉磨而成，也称为高铝水泥或矾土水泥。

铝酸盐水泥具有硬化迅速、水泥石结构比较致密、强度发展很快、晶型转化会引起后期强度下降等特点。铝酸盐水泥的最大特点是早期强度增长速度极快，24h 即可达到其极限强度的 80% 左右，Al_2O_3 含量越高，凝固速度越快，早期强度越高。但铝酸盐水泥硬化时放热量大、放热速度极快，1d

放热量即可达到总量的 70%～80%，而硅酸盐水泥要放出同样的热量则需7d 左右。因此，铝酸盐水泥不适于大体积工程，但比较适合于低温环境和冬期施工。另外，铝酸盐水泥还具有较好的抗硫酸盐性能和耐高温的特性。

由于铝酸盐水泥具有的这些特点，常被用来配制要求具有早强快硬的材料，如自流平砂浆、灌浆砂浆、快速修补砂浆、堵漏剂等。

(8) 硫铝酸盐水泥 硫铝酸盐水泥是以铝质原料（如矾土）、石灰质原料（如石灰石）和石膏，按适当比例配合后，煅烧成含有适量无水硫铝酸钙的熟料，再掺适量石膏，共同磨细而成。

硫铝酸盐水泥凝结时间很快，水泥硬化也快，早期强度高，其抗硫酸盐侵蚀能力强，抗渗性好。但硫铝酸盐水泥水化放热量大，适宜于冬期施工。

每一品种的水泥都有其不同的性能。在预拌砂浆中应用时，要考虑到水泥性能的稳定性，一般应选用较大型的散装水泥企业，优先根据不同的预拌砂浆品种选用普通硅酸盐水泥或其他种类的水泥，并根据要求选用铝酸盐等早强水泥，从而达到更好的适应性和经济性。

2.1.2 石膏

石膏是一种气硬性胶凝材料，是由天然二水石膏（$CaSO_4 \cdot 2H_2O$）加热脱水形成的半水石膏。由于加热条件不同，半水石膏可形成 α 型和 β 型两种不同的形态。若将二水石膏置于 0.13MPa、124℃的过饱和蒸汽条件下蒸炼脱水，脱出的水是液体，则得到 α 型半水石膏，也称为高强石膏。其晶粒较粗，调制成可塑性浆体的需水量较小，凝结时间较慢，硬化后强度较高。高强石膏的密度通常为 2600～2800kg/m³。高强石膏的细度要求，0.8mm 筛的筛余不大于 2%，0.2mm 筛的筛余不大于 8%。初凝时间不早于 3min，终凝时间不早于 5min，不迟于 30min。若将二水石膏置于炉窑中煅烧，脱出的水是水蒸气，则得到 β 型半水石膏，也称建筑石膏。其晶体较细，调制成一定稠度的浆体时，需水量较大，凝结时间较快，硬化后强度较低。建筑石膏与水拌和后，调制成可塑性浆体，经过一段时间反应后，将失去塑性，并凝结硬化成具有一定强度的固体。半水石膏加水后进行下面的化学反应：

$$CaSO_4 \cdot \frac{1}{2}H_2O + 1\frac{1}{2}H_2O \longrightarrow CaSO_4 \cdot 2H_2O + Q$$

建筑石膏是一种白色粉末，密度为 2.60～2.75g/cm³，堆积密度为800～1000kg/m³。初凝时间不小于 6min，终凝时间不大于 30min。

半水石膏加水后发生溶解，生成不稳定的饱和溶液，溶液中的半水石膏水化后生成二水石膏。由于二水石膏在水中的溶解度比半水石膏小得多，所以半水石膏的饱和溶液对二水石膏来说就成了过饱和溶液。因此，二水石膏很快析晶。由于二水石膏的析出，破坏了原有半水石膏溶解的平衡状态，这样促进了半水石膏不断地溶解和水化，直到半水石膏完全溶解。在这个过程中，浆体中的游离水分逐渐减少，二水石膏胶体微粒不断增加，浆体稠度增大，可塑性逐渐降低，即"凝结"；随着浆体继续变稠，胶体微粒逐渐凝聚成为晶体，晶体逐渐长大、共生并相互交错，使浆体产生强度，并不断增长，即"硬化"。实际上，石膏的凝结和硬化是一个连续的、复杂的物理化学变化过程。图 2-1 为不同种类石膏间的转化关系。

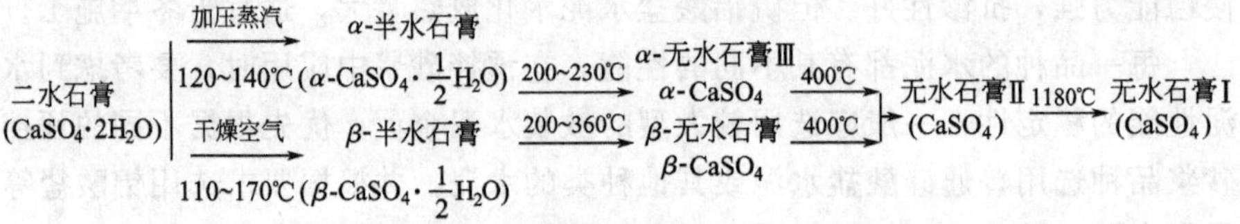

二水石膏 $(CaSO_4 \cdot 2H_2O)$
加压蒸汽 $120 \sim 140℃$ (α-$CaSO_4 \cdot \frac{1}{2}H_2O$) → α-半水石膏
干燥空气 $110 \sim 170℃$ (β-$CaSO_4 \cdot \frac{1}{2}H_2O$) → β-半水石膏
$200 \sim 230℃$ → α-无水石膏Ⅲ α-$CaSO_4$
$200 \sim 360℃$ → β-无水石膏Ⅲ β-$CaSO_4$
$400℃$ → 无水石膏Ⅱ $(CaSO_4)$ $1180℃$ → 无水石膏Ⅰ $(CaSO_4)$

图 2-1 不同种类石膏间的转化

建筑石膏的细度高，虽能加速半水石膏的水化速度，但是同时也增加石膏的标准稠度需水量，将引起石膏硬化体的孔隙率增加。因此，石膏细度提高并不能大幅度地提高其本身的强度。

建筑石膏广泛用于配制石膏抹面灰浆和制作各种石膏制品。高强石膏适用于强度要求较高的抹灰工程和石膏制品。我国目前生产的主要有纸面石膏板、纤维石膏板、空心石膏板、石膏砌块和装饰石膏制品等。

2.1.3 石灰

石灰是一种气硬性胶凝材料，是将以 $CaCO_3$ 为主要成分的原料（如石灰石），经过适当的煅烧，分解和排出二氧化碳所得到的成品，其主要成分是 CaO。通常根据加工方法，将石灰分成以下几种。

(1) 块状生石灰 由原料煅烧而成的白色疏松结构的块状物，主要成分为 CaO。

(2) 磨细生石灰 由块状生石灰磨细而成的细粉，主要成分为 CaO。

(3) 消石灰（也称熟石灰） 将生石灰用适量的水经消化和干燥制成的粉末，主要成分为 $Ca(OH)_2$。

(4) 石灰膏 将生石灰用过量水（为生石灰体积的 3～4 倍）消化，或将消石灰与水拌和，所得具有一定稠度的膏状物，主要成分为 $Ca(OH)_2$ 和水。

生石灰是一种白色或灰色的块状物质，因石灰原料中常含有一些碳酸镁成分，所以经煅烧生成的生石灰中，也相应含 MgO 的成分。

在实际生产中，为了加快石灰石的分解过程，使原料充分煅烧，并考虑到热损失，通常将煅烧温度提高至 $1000\sim1200℃$。若煅烧温度过低、煅烧时间不充分，则 $CaCO_3$ 不能完全分解，将生成欠火石灰。欠火石灰使用时，产浆量较低，质量较差，降低了石灰的利用率；若煅烧温度过高，将生成颜色较深、密度较大的过火石灰，它的表面常被黏土杂质融化形成的玻璃釉状物包覆，熟化很慢，使得石灰硬化后它仍继续熟化而产生体积膨胀，引起局部隆起和开裂而影响工程质量。所以在生产过程中，应根据原材料的性质严格控制煅烧温度。

石灰与水作用后，迅速水化生成氢氧化钙，并放出大量热量，其反应式为：

$$CaO + H_2O \longrightarrow Ca(OH)_2 + 64.9kJ$$

石灰和水作用后，石灰浆体大量放热，在最初所放出的热量几乎是普通水泥 1d 放热量的 9 倍，是 28d 放热量的 3 倍，如此大的放热量，使水变成蒸汽而沸腾，从而破坏了石灰的凝聚-结晶结构，致使石灰浆体变成松散毫无联系的消石灰，而不能像其他胶凝材料那样凝结和硬化。因此，使用生石灰时，应先加水拌和消化成消石灰或石灰膏，然后再使用。

石灰在空气中的硬化包括两个过程，即石灰浆体的干燥硬化和硬化石灰浆体的碳化。

石灰浆体的干燥硬化：石灰浆体在干燥过程中，因水分蒸发形成孔隙网，使石灰粒子更加紧密而获得附加强度。另外，水分蒸发引起溶液某种程度的过饱和，使 $Ca(OH)_2$ 逐渐结晶析出，促进石灰浆体的硬化。

碳化：$Ca(OH)_2$ 与空气中的 CO_2 作用，生成不溶解的碳酸钙晶体，从而提高了强度。碳酸钙在自然条件下具有较大的稳定性，为石灰浆体获得的最终强度。由于空气中 CO_2 的含量很低，按体积计算仅占整个空气的 0.03%，碳化作用主要发生在与空气接触的表层上，而且表层生成的致密 $CaCO_3$ 薄膜阻碍了空气中 CO_2 进一步渗入，同时也阻碍了内部水分向外蒸发，使 $Ca(OH)_2$ 结晶作用也进行得较慢，所以石灰硬化是个非常缓慢的过程。由于石灰浆体的硬化，只能在干燥状态下，通过水分的蒸发，$Ca(OH)_2$ 进一步析晶以及水化粒子逐渐靠拢而形成强度。其后，在空气中 CO_2 的作用下生成碳酸钙，使强度进一步提高。因此，预先消化而成的石灰浆体，硬化后强度并不高，因此石灰不宜在长期潮湿环境中或有水的环境中使用，只能用于干燥环境。另外，石灰硬化过程中要蒸发掉大量水分，引起体积干燥收缩，易出现干缩裂缝。

在建筑工程中，石灰主要用于墙体砌筑或抹面工程。石灰膏在水泥砂浆中作为保水增稠材料，具有保水性好、价格低廉等优点，有效避免了砌体的吸水而导致砂浆与基层或块材黏结差，是传统的建筑材料。但由于石灰耐水性差，石灰膏质量不稳定，导致所配制的砂浆强度低、黏结性差，影响砌体工程质量，而且掺石灰粉时粉尘大，施工现场劳动条件差，环境污染严重，不利于文明施工。

石灰使用前，需将生石灰熟化成石灰膏或消石灰粉，然后再按其用途或是加水稀释成石灰乳用于室内粉刷，或是掺入适量的砂或水泥、砂，配制成石灰砂浆或水泥石灰混合砂浆用于墙体砌筑或饰面。但消石灰粉不能直接用于砌筑砂浆中。生石灰熟化时要放出大量的热，使熟化速度加快，当温度过高，且水量不足时，会造成 $Ca(OH)_2$ 凝聚在 CaO 周围，阻碍熟化进行，而且还会产生逆方向，所以要加入大量的水，并不断搅拌散热，控制温度不至于过高。

配制砌筑砂浆时，当将生石灰熟化成石灰膏时，应用孔径不大于 3mm×3mm 的网过滤，熟化时间不得少于 7d；磨细生石灰粉的熟化时间不得少于 2d。配制抹灰砂浆时，当将生石灰熟化成石灰膏时，应用孔径不大于 3mm×3mm 的网过滤，熟化时间不得少于 14d。沉淀池中储存的石灰膏，应采取防止干燥、冻结和污染等措施。严禁使用脱水硬化的石灰膏。砂浆试配时石灰膏的稠度控制在 (120±5) mm。水泥砂浆中掺入石灰，可改善砂浆的和易性及施工性，提高黏结强度，减少开裂、弥补微裂缝等。石灰膏掺量较小时对砂浆强度影响不大，但掺量较大时，则会显著降低砂浆强度。

砂浆中掺入石灰虽然可以提高砂浆的和易性和保水性，但硬化后砂浆的耐水性差、收缩大、抗压强度降低，而且生产、使用过程中易对环境造成污染，不提倡使用石灰改善砂浆的和易性和保水性。建议使用可改善砂浆性能的保水增稠材料，如砌筑砂浆塑化剂、砂浆稠化粉、纤维素醚等。

2.2　骨料

2.2.1　天然砂

砂是自然界中比较常见的物质，是由岩石风化等自然条件作用而形成的。根据 GB/T 14684—2001《建筑用砂》的规定，砂按产源分为海砂、河砂、湖砂、山砂；按细度模数 M_X 分为粗、中、细三种规格，按其技术要求分为Ⅰ类、Ⅱ类、Ⅲ类。

河、湖、海砂由于受水流的冲刷作用，颗粒多呈圆形，表面较光滑，在水泥基材料中使用时需水量小，砂粒与水泥间的黏结力较弱，海砂中还含有贝壳碎片和可溶性盐类等有害杂质。山砂颗粒多具棱角，表面粗糙，需水量较大，和易性差，但砂粒与水泥间的黏结力强，有时含有较多的黏土等有害杂质。

2.2.1.1 砂的粒度及颗粒级配

砂的粒度是指不同粒径的砂混合在一起后的平均粗细程度；颗粒级配则是指砂中大小颗粒的搭配情况，用细度模数表示。砂的粒度和颗粒级配都通过筛分法确定。砂的颗粒级配情况。

筛分法是使用一套孔径为 9.50mm、4.75mm、2.36mm、1.18mm、$600\mu m$、$300\mu m$ 和 $150\mu m$ 的标准筛，按照筛孔的大小顺序，将 500g 的干砂由粗到细依次过筛，称得余留在各个筛网上砂的质量，并计算出各筛网上余留砂的分计筛余百分率 a_1、a_2、a_3、a_4、a_5 和 a_6（各筛上的筛余量占砂样总重的百分率）以及累计筛余百分率 A_1、A_2、A_3、A_4、A_5 和 A_6，其关系见表 2-2。

表 2-2 分计筛余与累计筛余之间的关系

筛孔尺寸	分计筛余/%	累计筛余/%
4.75mm	a_1	$A_1 = a_1$
2.36mm	a_2	$A_2 = a_1 + a_2$
1.18mm	a_3	$A_3 = a_1 + a_2 + a_3$
$600\mu m$	a_4	$A_4 = a_1 + a_2 + a_3 + a_4$
$150\mu m$	a_5	$A_5 = a_1 + a_2 + a_3 + a_4 + a_5$

砂的细度模数（M_X）是衡量砂粗细程度的指标，可以按照下式计算：

$$M_X = \frac{(A_2 + A_3 + A_4 + A_5 + A_6) - 5A_1}{100 - A_1} \qquad (2-1)$$

细度模数 M_X 越大，表示砂越粗。其中，细度模数 $M_X = 3.7 \sim 3.1$ 为粗砂，最适合于配制混凝土使用；细度模数 $M_X = 3.0 \sim 2.3$ 为中砂；细度模数 $M_X = 2.2 \sim 1.6$ 为细砂；细度模数 $M_X = 1.5 \sim 0.7$ 为特细砂。配制砂浆时用中、细砂。

2.2.1.2　砂的技术性能要求

(1) 有害物质限量　砂中不宜混有草根、树叶、树枝、塑料品、煤块、炉渣等杂物。砂中所含有的黏土、淤泥、有机物、云母、硫化物和硫酸盐等，是会对材料性能产生不利影响的有害杂质。黏土、淤泥黏附于砂粒表面，影响水泥与砂粒的黏结，降低材料的强度、抗冻性和耐磨性等，并增大混凝土的干缩。根据 GB/T 14684—2001《建筑用砂》的规定，砂的含泥量应符合表 2-3 中的规定。云母呈薄片状，表面光滑，与水泥的黏结不牢，能够降低强度。有机物、氯盐和硫酸盐对水泥均有腐蚀作用，都是砂中的有害物质，其含量也必须符合表 2-3 的规定。由于自流平地坪材料中水泥是主要组分，选用细砂时应考虑到这些有害物质的含量，防止其对自流平地坪材料性能产生不利影响。但同时，由于聚合物树脂的加入，有些有害物质比之在普通的水泥混凝土或砂浆中的危害已经被减缓或消除。

表 2-3　砂的有害物质和含泥量、泥块含量（GB/T 14684—2001）

项　　目		指　　标		
		Ⅰ类	Ⅱ类	Ⅲ类
云母(质量分数)/%	<	1.0	2.0	2.0
轻物质(质量分数)/%	<	1.0	1.0	1.0
有机物(比色法)		合格	合格	合格
硫化物及硫酸盐(SO_3 质量分数)/%	<	0.5	0.5	0.5
氯化物(氯离子质量分数)/%	<	0.01	0.02	0.06
含泥量(按质量计)/%	<	1.0	3.0	5.0
泥块含量(按质量计)/%	<	0	1.0	2.0

注：对于预应力混凝土、接触水体或潮湿条件下的混凝土所用砂，其氯化物（以 NaCl 计）含量应小于 0.03%。

(2) 砂的坚固性　砂的坚固性用坚固性指标表示，是指气候环境变化或其他物理因素作用下抵抗破裂的能力。砂的坚固性指标用硫酸钠溶液检验，试验经 5 次循环后其质量损失应符合 GB/T 14684—2001《建筑用砂》的规定。

(3) 密度、体积密度、空隙率　应符合如下规定：密度大于 2.58g/cm^3，松散体积密度大于 1400kg/m^3，空隙率小于 45%。

(4) 碱集料反应　碱集料反应是指水泥和混凝土的有关添加剂中碱性氧化物质（K_2O、Na_2O），与砂中活性二氧化硅等物质在常温常压下缓慢反应生成碱硅胶后，吸水膨胀导致混凝土破坏的现象。经碱集料反应试验后，由砂制备的试件无裂缝、酥裂、胶体外溢等现象。试件养护 6 个月龄期的膨胀率值应小于 0.1%。

2.2.1.3　颗粒级配

砂浆中砂的颗粒级配可以考虑用 JC/T 52—2006 标准中砂的颗粒级配

（见表 2-4）。

表 2-4　砂的颗粒级配区

筛孔尺寸/mm	累计筛余（按质量计）/%		
	Ⅰ区	Ⅱ区	Ⅲ区
10.0（圆孔）	0	0	0
5.00（圆孔）	10～0	10～0	10～0
2.50（圆孔）	35～5	25～0	15～0
1.25（方孔）	65～35	50～10	25～0
0.630（方孔）	85～71	70～41	40～16
0.315（方孔）	95～80	92～70	85～55
0.160（方孔）	100～90	100～90	100～90

注：砂的实际颗粒级配与表中所列数字相比，除 5.00mm 和 0.630mm 筛外，可以允许略超出分界线，但总量应小于 5%。

2.2.1.4　砂的选用

砂浆中的集料是不参与化学反应的惰性材料，在砂浆中起骨架或填料的作用。通过集料可以调整砂浆的密度，控制材料的收缩性能等。砂浆中所用的细集料粒径一般小于 5mm，所以必须经过筛分，最大粒径至少应通过 5mm 筛孔，并根据砂浆类型确定合适的最大粒径。例如，瓷砖黏结砂浆中砂的最大粒径不应大于 0.5mm。由于砂越细，其总表面积愈大，包裹在其表面的浆体就越多。当砂浆拌和物的稠度相同时，细砂配制的砂浆就要比中粗砂配制的砂浆需要更多的浆体，由于用水量多了，砂浆强度也会随之下降，因此，优先选用中粗砂配制砌筑和抹灰砂浆。但还需根据砂浆的用途、使用部位、基体等进行选取。如砌筑砂浆，对于砖砌体，宜采用中砂；对于毛石砌体，由于毛石表面多棱角，粗糙不平，宜采用粗砂。对于抹灰砂浆，砂的细度模数不宜小于 2.4。

2.2.2　人工砂

国家标准 GB/T 14684—2001《建筑用砂》中明确了砂按产源分为天然砂和人工砂两类。天然砂包括河砂、湖砂、山砂及淡化海砂；人工砂是经除土处理的机制砂和混合砂的统称，其中机制砂是由机械破碎、筛分制成的，粒径小于 4.75mm 的岩石颗粒，但不包括软质岩、风化岩的颗粒；混合砂为机制砂和天然砂混合制成的砂。人工砂具有以下特性。

① 人工砂颗粒表面较粗糙且具有棱角，用其拌制的砂浆和易性较差、泌水量较大，但人工砂中含有的石粉可以部分改善砂浆的工作性能。

② 人工砂是一种粒度、级配良好的砂，一个细度模数只对应一个级配，

同时它的细度模数和单筛的筛余量呈线性关系。对于一种砂，先通过试验建立关系式后，只要测定一个单筛的筛余量即可快速求出细度模数。

③ 机制砂中石粉含量的变化是随细度模数变化而发生变化的，细度模数越小，石粉含量就越高；反之，细度模数越大，石粉含量越低；当石粉含量小于 17％时，细度模数大于 3；当石粉含量大于 20％时，细度模数小于 2.8。

④ 从砂颗粒组成统计结果分析，当砂石粉含量在 20％左右时，砂各粒径的含量基本在中砂区，而 0.315mm 以下的颗粒在细砂区，这表明人工砂粗颗粒偏多，细颗粒偏少，特别是 0.63～0.315mm 一级的颗粒。

人工砂是由机械破碎、筛分而成的，颗粒形状粗糙尖锐、多棱角，通常用人工砂配制的混凝土砂率要比河砂混凝土大；并且人工砂颗粒内部微裂纹多、空隙率大、开口相互贯通的空隙多、比表面积大，加上石粉含量高等特点，用人工砂配制的砂浆与河砂砂浆有较大的差异。

人工砂的质量在很大程度上取决于加工人工砂的机械设备，此外还与原材料和制造工艺等密不可分。在设备方面，制砂机按照破碎原理分为颚式、圆锥式、旋回式、锤式、旋盘式、反击式、对辊式和冲击式等，导致最终产品颗粒形状的优劣从优到劣依次为：棒磨式、锤式和冲击式，反击式、圆锥式和旋盘式，颚式、对辊式和旋回式，但前者制造成本较高。在我国水电建设中，生产人工砂通常采用国产棒磨机加工，再通过洗砂机脱水而得。每生产 1m³ 的砂需水 4m³，产量一般较小。有些工程单位采用螺旋洗砂机，细砂流失严重，有的高达 30％～35％。为了弥补这一损失，改善砂的级配，只得再设一套细砂回收设施。国内一些小规模工地常用锤式破碎机，锤式破碎机有生产率高、破碎比大、构造简单、便于维护等优点，但也存在锤头、箅头、衬板、转子圆盘磨损较快等缺点，如制砂母岩较坚硬，则砂料粒度级配难以控制，从而影响混凝土质量的均匀性。另外，也有用反击式破碎机和小型颚式破碎机或其他破碎机制砂的。但许多专业人士认为建设工地或专业生产人工砂的石料厂选择棒磨机为宜。因为棒磨机的生产过程是利用筒体内棒与棒之间的线接触进行的，棒对石料的粉磨有选择性，先磨大块石料，然后逐步将石料按粒度的大小依次粉磨，过磨现象少，同时棒磨机制砂可以通过多种参数进行质量控制，产品质量较为稳定，且砂料颗粒粒形较好。

人工砂与河砂相比，由于有一定数量的石粉，使得人工砂砂浆的和易性得到改善，在一定程度上可改善砂浆的保水性、泌水性、黏聚性，还可以提高砂浆强度。有关专家认为：由石灰石破碎而成的人工砂，其成分是碳酸钙，处于高浓度氢氧化钙中，其表面会发生微弱化学反应，而天然山砂成分中二氧化硅含量高，不能发生类似反应；且人工砂质地坚硬，有新鲜界面，表面能高；人工砂表面粗糙、棱角多，有助于提高界面的黏结。鞠丽艳等人认为：0.08mm 以下的石粉可以与水泥熟料生成水化碳铝酸钙。周明凯等人的研究认为：石粉对水泥具有增强作用，认为石粉在水泥水化反应中起晶核作用，诱导水泥的水化产物析晶，加速水泥水化并参加水泥的水化反应，生成水化碳铝酸钙，并阻止钙矾石向单硫型的水化硫铝酸钙转化。但李兴贵认为：当石粉含量增大到 21% 以上时，由于石粉含量太高，颗粒级配不合理，使砂浆密实性降低，和易性变差；粗颗粒偏少，减弱了骨架作用；非活性石粉不具有水化及胶结作用，在水泥含量不变时，过多的石粉使水泥浆强度降低，并使砂浆强度减小。在选用上以天然砂为标准，并进行砂浆的各种性能测试，以达到满足施工要求和质量保证。

2.2.3 轻集料

轻集料是堆积密度小于 $1200kg/m^3$ 的天然或人工多孔轻质集料的总称。轻集料按原材料来源可分为天然轻集料、人造轻集料和工业废料轻集料，见表 2-5。

表 2-5　轻集料按材料来源分类

类　别	原材料来源	主要品种
天然轻集料	火山爆发或生物沉积形成的天然多孔岩石	浮石、火山渣、多孔凝灰岩、珊瑚岩、钙质贝壳岩等及其轻砂
人造轻集料	以黏土、页岩、板岩或某些有机材料为原料加工而成的多孔材料	页岩陶粒、黏土陶粒、膨胀珍珠岩、沸石岩轻集料、聚苯乙烯泡沫轻集料、超轻陶粒等
工业废料轻集料	以粉煤灰、矿渣、煤矸石等工业废渣加工而成的多孔材料	粉煤灰陶粒、膨胀矿渣珠、自燃煤矸石、煤渣及轻砂

下面简要介绍市场上常见的几种轻集料。

(1) 膨胀珍珠岩　珍珠岩是在酸性熔岩喷出地表时，由于与空气温度相差悬殊，岩浆骤冷而具有很大黏度，使大量水蒸气未能逸散而存于玻璃质中。焙烧时，珍珠岩突然升温达到软化点温度，玻璃质结构内的水汽化，产生很大压力，使黏稠的玻璃质体积迅速膨胀，当它冷却到其软化点以下时，便凝成具有孔径不等、蜂窝状物质，即膨胀珍珠岩。

膨胀珍珠岩颗粒内部呈蜂窝结构，具有质轻、绝缘、吸声、无毒、无味、不燃烧、耐腐蚀等特点。除直接作为绝热、吸声材料外，还可以配制轻质保温砂浆、轻质混凝土及其制品等。膨胀珍珠岩一般分为两类：粒径小于 2.5mm 的称为膨胀珍珠砂；粒径为 2.5～30mm 的称为膨胀珍珠岩碎石，习惯上统称为膨胀珍珠岩。

膨胀珍珠岩砂也称为膨胀珍珠岩粉或珠光砂,是珍珠岩等矿石经破碎、预热,在900~1250℃下急速受热膨胀而制得。其粒径小于2.5mm,堆积密度为40~150kg/m³时,常温热导率为0.03~0.05W/(m·K),使用温度为200~800℃。

膨胀珍珠岩碎石又称大颗粒膨胀珍珠岩,是珍珠岩等矿石经破碎、预热处理后,在1300~1450℃高温下焙烧而成的一种轻集料。其粒径为2.5~30mm,堆积密度为250~600kg/m³,热导率为0.05~0.10W/(m·K)。

但由于大多数膨胀珍珠岩含硅量高(通常超过70%),多孔并具有吸附性,对隔热保温极为不利,特别是在潮湿的地方,膨胀珍珠岩制品容易吸水致使其热导率急剧增大,高温时水分又易蒸发,带走大量的热,从而失去保温隔热性能。因此,需采取一些措施降低其吸水率,提高保温隔热性能。

(2) 膨胀蛭石 蛭石是由黑云母、金云母、绿泥石等矿物风化或热液蚀变而来的,自然界很少产出纯的蛭石,而工业上使用的主要是由蛭石和黑云母、金云母形成的规则或不规则层间矿物,称之为工业蛭石。膨胀蛭石是将蛭石破碎、筛分、烘干后,在800~1100℃的温度下焙烧膨胀而成。产品粒径一般为0.3~25mm,堆积密度为80~200kg/m³,热导率为0.04~0.07W/(m·K),化学性质较稳定,具有一定机械强度。最高使用温度达1100℃。

蛭石被急剧加热煅烧时,层间的自由水将迅速汽化,在蛭石的鳞片层间产生大量蒸汽。急剧增大的蒸汽压力迫使蛭石在垂直解理层方向产生急剧膨胀。在850~1000℃的温度煅烧时,其颗粒单片体积能膨胀20多倍,许多颗粒的总体积膨胀5~7倍。膨胀后的蛭石中细薄的叠片构成许多间隔层,层间充满空气,因而具有很小的密度和热导率,成为一种良好的保温隔热和吸声材料。

同膨胀珍珠岩一样,采用膨胀蛭石制作保温砂浆时由于其吸水率高造成水分不易挥发,容易引起涂层鼓泡开裂和保温性能的下降。

(3) 玻化微珠 一种无机玻璃质矿物材料,经过特殊生产工艺技术加工而成,呈不规则球状体颗粒,内部多孔空腔结构,表面玻化封闭,光泽平滑,理化性能稳定,具有质轻、绝热、防火、耐高温、抗老化、吸水率小等优异特性,可替代粉煤灰漂珠、玻璃微珠、膨胀珍珠岩、聚苯颗粒等传统轻质集料在保温材料中使用。

(4) 膨胀聚苯乙烯(EPS)泡沫颗粒 新发的聚苯乙烯泡沫颗粒或将膨胀聚苯乙烯泡沫塑料生产厂的边角废料或通过其他渠道收集的膨胀聚苯乙烯

泡沫废料进行减容破碎、清洗、分选、造粒等，制成 EPS 破碎料，可以作为轻质集料与水泥、其他填料和添加剂混合制备轻质保温砂浆。

2.3 矿物掺合料

2.3.1 石灰石粉

用水泥厂磨机制备的石灰石粉，其比表面积一般在 $300\text{m}^2/\text{kg}$。参照日本石灰石粉应用技术委员会提出的质量标准，制订如下的干拌砂浆用石灰石粉质量标准，见表 2-6。

表 2-6 石灰石粉的质量标准

项　　目	要求	项　　目	要求
比表面积/(m^2/kg)	≥250	三氧化硫含量/%	≤0.5
碳酸钙含量/%	≥90	水分含量/%	≤1.0
氧化镁含量/%	≤5.0		

重质碳酸钙，简称重钙，是用机械方法直接粉碎天然的方解石、石灰石、白垩、贝壳等而制得。由于重质碳酸钙的沉降体积（$1.1\sim1.4\text{mL/g}$）比轻质碳酸钙（$2.4\sim2.8\text{mL/g}$）的小，所以称之为重质碳酸钙。

根据粒径的大小，可以将重质碳酸钙分为单飞粉（95%通过 0.745mm 筛）、双飞粉（99%通过 0.045mm 筛）、三飞粉（99.5%通过 0.045mm 筛）、四飞粉（99.95%通过 0.037mm 筛）和重质微细碳酸钙（通过 0.018mm 筛）。

根据重质碳酸钙生产方法的不同，可以将重质碳酸钙分为干磨石粉和湿磨石粉。重质碳酸钙制造方法分干法和湿法。前者将方解石等天然矿石经开采、选矿、除渣等预处理后，粗碎、细磨、分级等制取重质碳酸钙产品。干法生产最小粒径可达 $3\mu\text{m}$。如果产品粒径小于 $3\mu\text{m}$，干法生产在技术上可行，经济上则不可行。该法生产过程中无提纯过程，因此矿石的品位至关重要，必须选择铅、锰、硅、铁含量低的方解石等高纯、高白度的矿石为原料。湿法是在干法粗碎后，加水及有关助剂后在研磨器中混合研磨，根据要求不同，逐级研磨、浮选等除去矿石中杂质，磨细粒度，提高纯度和白度，制成浆状或膏状产品，也可经分离、干燥制取粉状产品。

重质碳酸钙颗粒形状不规则，且表面粗糙，粒径分布较宽，粒径较大，平均粒度一般为 $5\sim10\mu\text{m}$，颜色随原料不同而变化，晶体结构与原料中碳酸钙的晶体结构相同。

轻质碳酸钙，又称沉淀碳酸钙，是用化学加工方法制得的。由于轻质碳酸钙的沉降体积比重质碳酸钙的大,所以称之为轻质碳酸钙。

根据碳酸钙晶粒形状的不同,可将轻质碳酸钙分为纺锤形、立方形、针形、链形、球形、片形和四角柱形碳酸钙,这些不同晶形的碳酸钙可由控制反应条件制得。

轻质碳酸钙按其原始平均粒径(d)分为:微粒碳酸钙(>5μm)、微粉碳酸钙(1~5μm)、微细碳酸钙(0.1~1μm)、超细碳酸钙(0.02~0.1μm)、超微细碳酸钙(<0.02μm)。

轻质碳酸钙的粉体特点:①颗粒形状规则,可视为单分散粉体,但可以是多种形状;②粒度分布较窄;③粒径小,平均粒径为1~3μm。

从价格上看,石灰石粉的价格最低,重质碳酸钙的价格次之,轻质碳酸钙的价格最高。粉体的细度越细,则价格越高。因此,需根据干拌砂浆的品种来选择适当的种类和细度。

2.3.2 粉煤灰

粉煤灰是以燃煤发电的火力发电厂排出的废渣。煤粉在高温悬浮的燃烧过程中,其所含的黏土质矿物熔融并形成液滴,在排出炉外时经过急速冷却,即成为粒径为1~50μm的细球形颗粒。由于煤的品种、煤粉细度以及燃烧条件不同,粉煤灰的化学成分波动范围较大。粉煤灰的活性取决于活性Al_2O_3和活性SiO_2的含量。CaO对粉煤灰的活性是有利的。少量Fe_2O_3能起熔剂作用,促使玻璃体形成,提高粉煤灰的活性。

粉煤灰中玻璃体的形态、大小及表面状况与其性能有密切的关系。致密的玻璃球其成分主要为硅、铝和铁的氧化物。多孔颗粒则比较复杂。有的是煤粉在燃烧时产生挥发物和某些矿物分解,所产生的气体使熔融玻璃相形成了空心球体,有的球壁还形成蜂窝状结构。也有的是由许多小的玻璃球粘连在一起形成的组合粒子。由于颗粒形貌差异,对其性能的影响也不同。细小的致密玻璃球含量越多,粉煤灰活性也越高。不规则的多孔玻璃体表面粗糙,蓄水孔腔多,需水量增多,使粉煤灰活性减小。

粉煤灰中的未燃尽炭对其质量是有害的。炭粒粗大多孔,当含炭量高的粉煤灰掺入水泥后,往往使需水量增多,而大大降低强度。并且未燃炭遇水后,能在颗粒表面形成一层憎水薄膜,阻碍了水分向粉煤灰颗粒内部渗透,从而影响$Ca(OH)_2$与活性氧化物的相互作用,降低粉煤灰的活性。通常用粉煤灰的烧失量表示未燃炭的含量。

粉煤灰的颗粒组成也是影响其质量的主要因素。有资料认为,5~45μm的细颗粒愈多,粉煤灰活性愈高;含80μm以上颗粒愈多,则活性愈低。因此，对粉煤灰重新研磨，将有效地改善其质量。

根据 GB/T 1596—2005《用于水泥和混凝土中粉煤灰》的规定，不同等级 F 类粉煤灰的技术要求见表 2-7。

表 2-7　混凝土和砂浆掺合料的粉煤灰的质量要求

序号	指　　标	级　别		
		Ⅰ	Ⅱ	Ⅲ
1	细度(0.045mm 方孔筛筛余)/%	≤12	≤25	≤45
2	需水量比/%	≤95	≤105	≤115
3	烧失量/%	≤5	≤8	≤15
4	含水量/%	≤1		
5	三氧化硫/%	≤3		

2.3.2.1　粉煤灰的活性评定

对于粉煤灰活性的评定，应当考虑它的化学成分中 CaO 与 SiO_2 的比例，当然更确切的是应当考虑（CaO＋MgO＋R_2O）与（SiO_2＋Al_2O_3）的比例。由于 CaO 与 SiO_2 的比不同，所形成的玻璃体中 $[SiO_4]^{4-}$ 四面体的聚合度也就存在差别，CaO 与 SiO_2 的比小，$[SiO_4]^{4-}$ 四面体将形成二维、三维的结构，这时 Si—O—Si 键较难破裂，玻璃体的活性也难被激发，矿渣中低聚合度（1～4）的 $[SiO_4]^{4-}$ 四面体中 SiO_2 的量占其中 50%～73%，而粉煤灰却不足 10%，这是因为粉煤灰玻璃体中 SiO_2 的含量高，它们的 $[SiO_4]^{4-}$ 四面体的聚合度高，而且基本已成链状甚至网状结构。对于粉煤灰活性评定也可以用直接分析法，用稀 HCl 测定其中活性 SiO_2 和活性 Al_2O_3 的含量。评定粉煤灰活性的物理方法是在硅酸盐水泥中掺 30% 粉煤灰，比较两者之间 28d 的抗压强度。也有用粉煤灰的活性指数 h 来表示，h 按照下式计算：

$$h = \frac{Al_2O_3 含量}{烧失量} \tag{2-2}$$

h 值越大，粉煤灰的活性就越高。即 Al_2O_3 含量越高，活性越高；烧失量越高（反应碳含量），活性越低。粉煤灰的水化反应速率较慢，因而其早期强度较低，而后期强度高，能够达到甚至超过水泥的强度。

2.3.2.2　粉煤灰水泥的性质

粉煤灰在水泥基材料中能够与水泥的水化产物 $Ca(OH)_2$ 反应。这种反应首先是粉煤灰颗粒表面形成一层 C—S—H 外壳，这层 C—S—H 凝胶是硅酸盐水泥的水化产物。然后，粉煤灰表面的玻璃体溶解（溶解的快慢通常受水泥体系的孔隙中含有高浓度碱性水化产物溶液的影响）。接着，粉煤灰

再与 $Ca(OH)_2$ 反应形成水化产物。

粉煤灰与水泥的反应将显著影响硬化水泥浆体的性能。粉煤灰的 CaO 含量不同，与水泥反应的差别会很大。在低钙粉煤灰中，能够与水泥反应的组分主要是玻璃体。粉煤灰颗粒中的石英、赤铁矿、磁铁矿等晶体相在水泥中是没有反应性的，而玻璃体通常温度下与水泥的反应也很慢。在高钙粉煤灰中，不仅玻璃体，还有一些晶体组分也有化学反应性。一些粉煤灰中含有游离氧化钙、硫酸钙、C_3A，这些活性晶体加水后可直接生成钙矾石、单硫型水化硫铝酸钙，甚至 C—S—H 凝胶等。

粉煤灰在水泥基材料中的后期水化，既能够提高水泥基材料的强度，又能够改善水泥基材料中的矿物结构，提高抗冻融耐久性。粉煤灰在水泥水化的后龄期，在氢氧化钙的激发作用下开始水化，由于这时水泥已经进行了充分的水化，在结构中存在着大量毛细孔隙，粉煤灰的水化产物能够堵塞结构中的这些毛细孔隙，提高混凝土的密实性和抗渗性。粉煤灰还有许多其他优异性能，如干缩性小、抗裂震性能好、耐腐蚀性好，特别是它还能对氧化镁含量高的水泥的安定性起稳定作用，对活性集料有抑制碱集料反应的作用，因为粉煤灰水泥浆体液相中 OH^- 浓度低，粉煤灰又起到了稀释作用。但是，粉煤灰应是低碱、低钙的，否则也难抑制碱集料反应，至于对碳酸反应，粉煤灰的抑制效果很差。然而粉煤灰水泥最大的缺点就是早期强度低，有时耐大气稳定性略差。因此，如何提高粉煤灰水泥的早期强度就十分必要。

2.3.2.3　预拌砂浆中粉煤灰的选用

传统的建筑砂浆分为水泥砂浆和混合砂浆，混合砂浆是以水泥和石灰膏微胶凝材料，其优点是砂浆柔软、保水性好、易施工，缺点是耐水性差、收缩大、黏结强度低、耐久性差，目前建筑工程中基本使用的是水泥砂浆。目前外墙粉刷大多采用水泥砂浆。但水泥砂浆也有本身的不足，因水泥砂浆中缺乏保水增稠组分，砂浆保水性差、分层度大，即砂浆和易性差、泌水率大，且水泥用量偏高、砂浆硬化快、易开裂等。在建筑砂浆中合理使用粉煤灰，既改善了建筑砂浆的工作性，又不会对建筑砂浆的其他使用性能产生不良影响。试验表明，在建筑砂浆中适量掺入粉煤灰，对改善砂浆的和易性起着很大的作用。

粉煤灰是由各种颗粒机械混合而成的群体，其中多为球形玻璃体，比表面积较大，其矿物组成主要是玻璃相、莫来石相、石英、赤铁矿、磁铁矿及少量未燃烧碳的颗粒。粉煤灰通过其形态效应、火山灰效应和微集料效应，可以提高砂浆的保水性、塑性、后期强度，同时还可以节约水泥和石灰，降低材料成本。砂浆中掺入粉煤灰不但可以降低成本，还可以改善砂浆的和易性。掺入粉煤灰代替部分水泥，可以起到填充致密的作用，而且粉煤灰具有一定的活性，可以和水泥的水化产物发生二次反应，使砂浆强度提高。

粉煤灰具有潜在的化学活性，颗粒微细，且含有大量的玻璃微珠，掺入砂浆中可以发挥三种效应，即形态效应、活性效应和微集料效应。

预拌砂浆中可掺入粉煤灰或其他矿物掺合料。粉煤灰一般采用干排灰，粉煤灰品质要求等同于混凝土用粉煤灰技术要求。使用高钙粉煤灰时要密切注意高钙灰中游离氧化钙含量的波动，要加强检测，防止游离氧化钙含量高而破坏砂浆中水泥石的体积安定性。

2.3.3 粒化高炉矿渣粉

粒化高炉矿渣粉（简称矿渣粉）是用符合 GB/T 203 标准规定的粒化高炉矿渣经干燥、粉磨（或添加少量石膏一起粉磨）达到相当细度且符合相应活性指数的粉体。矿渣粉磨时允许加入助磨剂，加入量不得大于矿渣粉质量的 1%。

高炉矿渣的主要化学成分为 SiO、CaO 和 Al_2O_3。一般情况下，这三种氧化物含量约达 90%，另外还含有少量 MgO、Na_2O、K_2O 等。

矿渣粉的活性与其化学成分有很大关系。各钢铁企业的高炉矿渣，其化学成分虽大致相同，但各氧化物的含量并不一致，因此，矿渣有碱性、酸性和中性之分，以矿渣中碱性氧化物和酸性氧化物含量的比值 M 来区分。M 大于 1 为碱性矿渣；M 小于 1 为酸性矿渣；M 等于 1 为中性矿渣。酸性矿渣的胶凝性差，而碱性矿渣的胶凝性好，因此，矿渣粉应选用碱性矿渣，其 M 值越大反映其活性愈好。

在国家标准中规定，粒化矿渣的品质可用品质系数 K 的大小来评定。

$$K = \frac{m_{CaO} + m_{MgO} + m_{Al_2O_3}}{m_{SiO_2} + m_{MnO} + m_{TiO_2}} \geqslant 1.2 \tag{2-3}$$

式中，m_{CaO}、m_{MgO}、$m_{Al_2O_3}$、m_{SiO_2}、m_{MnO}、m_{TiO_2} 为相应氧化物的质量分数。品质系数反映了矿渣中活性组分与低活性组分和非活性组分之间的比值。品质系数越大，则矿渣的活性越高。

与使用矿渣水泥相比，直接将矿渣粉加入干拌砂浆中具有以下优点：粒化高炉矿渣比较坚硬，与水泥熟料混在一起，不容易同步磨细。所以矿渣水泥往往保水性差，容易泌水，而且较粗颗粒的粒化矿渣活性不能得到充分发挥。而将粒化高炉矿渣单独粉磨或加入少量石膏、或助磨剂一起粉磨，可以根据需要控制粉磨工艺，得到所需细度的矿渣粉，有利于其中活性组分更快、更充分水化。可根据干拌砂浆品种灵活选用矿渣粉的细度和掺量。

目前矿渣粉的生产有几种不同的工艺，不同工艺制备的矿渣粉的性能存在较大差异。国内大中型生产厂家一般使用大型立式磨，立磨产量高，产品比表面积在 $400\sim300m^2/kg$ 时，粉磨能耗比较经济；但当比表面积大于 $430m^2/kg$ 时，则能耗陡然上升。而国内小型生产厂家一般采用球磨机进行生产，产品单位能耗较高。另外有些厂家也采用振动磨进行生产，但产量较低。

根据砂浆的要求灵活选用粒化高炉矿渣的细度和掺量。GB/T 18046—2008《用于水泥和混凝土中的粒化高炉矿渣粉》将矿渣粉分为 S105、S95 和 S75 三个等级。矿渣粉的技术要求见表 2-8。

表 2-8　矿渣粉的技术要求

项　　目		级　　别		
		S105	S95	S75
密度/(g/cm³)	≥	2.8		
比表面积/(m²/kg)	≥	500	400	300
活性指数/% ≥	7d	95	75	55
	28d	105	95	75
流动度比/%	≥	95		
含水量/%	≤	1.0		
三氧化硫/%	≤	4.0		
氯离子%	≤	0.06		
烧失量/%	≤	3.0		
玻璃体含量(质量分数)/%	≥	85		
放射性		合格		

矿渣粉的细度用比表面积表示，用勃氏法测定。矿渣粉的细度越高，则颗粒越细，其活性效应发挥得越充分，但过细需要消耗较多的生产能耗，因此，细度的选择应根据预拌砂浆要求来确定。

矿渣粉的活性大小用活性指数来衡量。掺矿渣粉的受检胶砂为水泥 225g、矿渣粉 225g、ISO 标准砂 1350g、水 225mL。受检胶砂相应龄期的强度与基准胶砂相应龄期的强度比为矿渣粉相应龄期的活性指数。活性指数高，说明矿渣粉的活性好。

由于矿渣粉的化学组成和颗粒形态与粉煤灰和硅灰有较大的差别，因此，在砂浆中表现出不同的行为，起到不同的作用。

(1) 需水量　一般认为，矿渣粉对需水量影响不大。从化学组成和矿物组成看，矿渣粉与水泥较接近，因而表现出与水泥熟料相似的表面性质。从颗粒形态上看，由于矿渣粉是经过粉磨而成的，它不具有一些优质粉煤灰和硅灰那样的球形颗粒形态，而是与水泥颗粒相似，因而也不具有好的润滑作用。从颗粒尺度上看，矿渣粉不具有一些优质粉煤灰和硅灰那样较细的颗粒尺度，因而也表现不出好的填充行为，而且相对密度也比粉煤灰和硅灰大，更接近于水泥熟料。因此，矿渣粉对需水量影响不大。

(2) 保水性　大量研究表明，矿渣粉的保水性能远不及一些优质的粉煤灰和硅灰，掺入一些级配不好的矿渣粉会出现泌水现象。因此，使用矿渣粉时，要选择保水性能较好的水泥，并适当掺入一些具有保水功能的材料。

(3) 流动性　在掺用同一种减水剂和砂浆配合比相同的情况下，矿渣粉砂浆的流动度得到明显的提高，且流动度经时损失也得到明显缓解。流动度的改善是由于矿渣粉的存在，延缓了水泥水化初期水化产物的相互搭接，还由于 C_3A 矿物含量的降低而与减水剂有更好的相容性，而且达到一定细度的矿渣粉也具有一定的减水作用。

(4) 凝结时间　矿渣粉砂浆的初凝、终凝时间比普通砂浆有所延缓，但幅度不大。

(5) 强度　在相同配合比、强度等级与自然养护的条件下，矿渣粉砂浆的早期强度比普通砂浆略低，但 28d 及以后的强度增长显著高于普通砂浆。

(6) 耐久性　由于矿渣粉砂浆的浆体结构比较致密，且矿渣粉能吸收水泥水化生成的氢氧化钙晶体而改善了砂浆的界面结构。因此，矿渣粉砂浆的抗渗性、抗冻性明显优于普通砂浆。由于矿渣粉具有较强的吸附氯离子的作用，因此能有效阻止氯离子扩散进入，提高了砂浆的抗氯离子能力。砂浆的耐硫酸盐侵蚀性主要取决于砂浆的抗渗性和水泥中铝酸盐含量和碱度，矿渣粉砂浆中铝酸盐和碱度均较低，且又具有高抗渗性，因此，矿渣粉砂浆抗硫酸盐侵蚀性得到很大改善。矿渣粉砂浆的碱度降低，对预防和抑制碱集料反应也是十分有利的。

2.3.4　硅灰

硅灰又称硅粉或硅烟灰，是从生产硅铁合金或硅钢等时所排放的烟气中收集到的颗粒极细的烟尘。

硅灰的主要成分是二氧化硅，一般占 90% 左右，绝大部分是无定形的氧化硅，其他成分如氧化铁、氧化钙、氧化硫等一般不超过 1%，烧失量为 1.5%～3%。

由于硅灰具有高比表面积，因而其需水量很大，将其作为活性细填料须配以减水剂，以保证砂浆的和易性。硅灰用作活性细填料有以下几方面效果。

① 提高砂浆强度，配制高强砂浆。普通硅酸盐水泥水化后生成的 $Ca(OH)_2$ 约占体积的 20%，硅灰能与该部分 $Ca(OH)_2$ 反应生成水化硅酸钙，均匀分布于水泥颗粒之间，形成密实的结构。由于硅灰细度细，活性高，掺加硅灰对砂浆早期强度没有不良影响。

② 改善砂浆的孔结构，提高抗渗性、抗冻性及抗腐蚀性。掺入硅灰的砂浆，其总孔隙率虽变化不大，但其毛细孔会相应变小，大于 $0.1\mu m$ 的大孔几乎不存在。因而掺入硅灰的砂浆抗渗性明显提高，抗冻等级及抗腐蚀性也相应提高。

在 GB/T 18736—2002《高强高性能混凝土用矿物外加剂》中，规定了硅灰的技术要求。硅灰的技术要求见表 2-9。

表 2-9　硅灰的技术要求

序号	指　标	要求	序号	指　标	要求
1	比表面积/(m²/kg)	≥15000	5	二氧化硅/%	≥85
2	需水量比/%	≤125	6	氯离子含量/%	≤0.02
3	284 活性指数/%	≥85	7	烧失量/%	≤6
4	含水量/%	≤3.0			

由于硅灰的细度大，活性高，用其拌制的砂浆收缩值较大，在使用时需特别注意养护，以避免出现砂浆开裂。

目前市场上也存在一些用石英砂超细粉磨制备的"硅粉"，这种"硅粉"没有活性，属于惰性细填料，在使用时应注意两者之间的区别。

2.3.5　沸石粉

沸石粉是以天然沸石岩为原料，经破碎、磨细制成的，属于火山灰类材料的粉状物料。

天然沸石粉的矿物组成主要为沸石族矿物，这种矿物为骨架铝硅酸盐结构，其结构特征为：具有稳定的正四面体硅（铝）酸盐骨架；骨架内含有可交换的阳离子和大量的孔穴和通道，其直径为 $0.3\sim1.3nm$，因此，具有很大的内比表面积；沸石结构中通常含有一定数量的水，这种水在孔穴和通道内可以自由进出，空气也可以自由进出这些孔穴和通道。

2.3.5.1　天然沸石粉在水泥基材料中的作用

尽管天然沸石粉与粉煤灰都是一种火山灰质材料，但是由于组成和结构的差异，在水泥基材料中表现出不同的行为，也将发挥不同的作用。

(1) 天然沸石粉的需水行为和减水作用　影响矿物外加剂需水行为的三个基本要素：颗粒大小、颗粒形态和比表面积。颗粒大小决定其填充行为，影响填充水的数量；颗粒形态决定其润滑作用；比表面积决定其表面水的数量。

对于天然沸石粉，颗粒大小是由粉磨细度决定的。细度越高，越有利于填充在水泥颗粒堆积的空隙中，从而减少填充水的数量。天然沸石粉是通过粉磨而成的，具有不规则的颗粒形状，这种颗粒运动阻力较大，因此，不具有润滑作用。天然沸石粉具有很大的内比表面积，能吸附大量的水。由这三个基本要素来看，天然沸石粉不具有减水作用。将天然沸石粉磨得很细，可以更好地填充减少颗粒堆积的空隙，减少填充水量；但是，在提高细度的同时，也增大了比表面积，相应地增加了表面水量。这两个互为相反的作用常常是得不偿失，因此，即使增大粉磨细度，也不能使天然沸石粉表现出减水作用。大量试验结果证明了这一点。非但如此，掺入天然沸石粉通常都使得需水量较大幅度地增加。

(2) 天然沸石粉的活性行为和胶凝作用　天然沸石粉一般比粉煤灰、烧页岩等其他火山灰材料的活性行为和胶凝作用高。粉煤灰、烧页岩等工业废渣是经过高温煅烧的，它们的活性主要是由于保留了高温时的结构特征，使其处于高能量状态。天然沸石粉是经过长期地质演变而形成的，虽然它也经过一个高温过程，但经过长期的地质演变，高温型的结构特征已经变得不明显，特别是玻璃体结构的无序化特征已经基本消失。天然沸石粉之所以具有较高的火山灰活性是因为在它的骨架内含有可交换的阳离子以及较大的内比表面积。结构中存在着活性阳离子是凝胶材料具有活性的一个本质因素。天然沸石粉结构中这些活性阳离子的存在，使得它具有较高的火山灰反应能力。同时，硅酸盐矿物的水化反应是一种固相反应，天然沸石粉结构中的孔穴为水和一些阳离子的进入提供了通道，而较大的内比表面积为水和阳离子提供较多与固体骨架接触和反应的面，使反应能够较快地进行。由于这两个方面的因素，天然沸石粉常常表现出较高的活性。

(3) 天然沸石粉的填充行为和致密作用　天然沸石粉的填充行为取决于它的细度。一般来说，天然沸石粉表现出较好的填充行为，能使硬化水泥石结构致密。

(4) 天然沸石粉的稳定行为和益化作用　在新拌混凝土中，由于天然沸石粉对水的吸附作用，使水不容易泌出，因而表现出较好的稳定行为。天然沸石粉具有较好的保水作用，这是天然沸石粉的一个重要特征，是其他矿物外加剂所不及的，以至于一些人把天然沸石粉看成是一种保水剂。此外，由于掺入天然沸石粉后，水泥浆较黏稠，增大了集料运动的阻力，因而有效地防止了离析。

天然沸石粉的稳定性为砂浆的均匀性提供了保证。在地面施工过程中，离析和泌水将导致各部位砂浆不均匀，上部可能水或水泥浆多一些，而下部则可能集料多一些。组成上的不均匀必然导致性能的不均匀。然而，天然沸石粉的稳定行为避免或减少了泌水，也就减少了这些缺陷形成的可能性。另一方面，对砂浆干缩性能的影响，天然沸石粉表现出负效应。也就是说，掺入天然沸石粉使混凝土的干缩增大，其原因如下。

掺入天然沸石粉使砂浆用水量增加。用水量越大，砂浆的干缩也越大。由于天然沸石粉需水量较大，掺入天然沸石粉后砂浆的用水量增加，因而使得硬化砂浆的干缩增大。

较高的碱含量使硬化水泥石干缩增大。一些研究表明，硬化水泥石的干缩与碱含量有着密切的关系。当水泥石中碱含量增加时，其干缩变形也增大。天然沸石粉通常含碱量较高，因而掺入天然沸石粉使得水泥石中的碱含量增加，导致水泥石的收缩增大。

由上述分析可以看出，天然沸石粉与粉煤灰的差异主要表现在三个方面：一是它的火山灰活性通常比粉煤灰高；二是它的需水量也比粉煤灰高，但具有较强的保水作用；三是体积稳定性较差。这些差异必将对砂浆的性能产生一系列的影响，必须引起注意。

2.3.5.2 天然沸石粉的性能指标

在我国建筑工业行业标准 JG/T 3048—1998《混凝土和砂浆用天然沸石粉》中，对天然沸石粉提出了四项技术指标要求，即吸氨值、细度、水泥胶砂需水量比和水泥胶砂 28d 抗压强度比。这些指标要求在表 2-10 中给出。其中水泥胶砂 28d 抗压强度比也是采用固定加水量的方法。

表 2-10　天然沸石粉的性能指标

技　术　指　标	质　量　等　级		
	Ⅰ	Ⅱ	Ⅲ
吸氨值/(mmol/100g)	≥130	≥100	≥90
细度/%	≤4	≤10	≤15
沸石粉水泥胶砂需水量比/%	≤125	≤120	≤120
沸石粉水泥胶砂 28d 抗压强度比/%	≥75	≥70	≥62

2.3.6　膨润土

膨润土的颗粒粒径是纳米级的，是亿万年前天然形成的，因此，国外有把膨润土称为天然纳米材料的。膨润土又叫蒙脱土，是以蒙脱土为主要成分的层状硅铝酸盐。膨润土的层间阳离子种类决定膨润土的类型，层间阳离子为 Na 时称钠基膨润土，为 Ca 时称钙基膨润土，为 H 时称氢基膨润土（活性白土），为有机阳离子时称有机膨润土。

膨润土具有很强的吸湿性，能吸附相当于自身体积 8～20 倍的水而膨胀至 30 倍。在水介质中能分散成胶体悬浮液，并具有一定的黏滞性、触变性和润滑性，它和泥砂等的掺合物具有可塑性和黏结性，有较强的阳离子交换能力和吸附能力。膨润土素有"万能"黏土之称，广泛应用于冶金、石油、铸造、食品、化工、环保及其他工业部门。

膨润土为溶胀材料，其溶胀过程将吸收大量的水，使砂浆中的自由水减少，导致砂浆流动性降低，流动性损失加快；膨润土为类似蒙脱土的硅酸盐，主要具有柱状结构，因而其水解以后，在砂浆中可形成卡屋结构，增大砂浆的稳定性，同时其特有的滑动效应，在一定程度上提高砂浆的滑动性能，增大可泵型。

施工时需注意的问题：膨润土的加入具有必要性，但无需进行预水化处理，可直接加入砂浆中进行搅拌，简化施工工序。膨润土不管是预水化或未预水化，它对砂浆稳定性积极作用不变。但膨润土预水化足够的时间后，与之混合的水大部分已渗入其结构之中，而约束水，自由水减少，不利于流动性的增加；膨润土未经预水化时，虽然其与水相遇，就开始水解吸水，但这是一个较慢的过程，其水解时，一定时间内还不能将大量的自由水吸收而成为约束水，因而有更多的自由水在砂浆中存在，其砂浆流动性并不一定降低。

在含有盐分的水中，由于其他可溶性离子侵入膨润土的四面体和八面体，减弱了其膨胀性、黏性、稠性、润滑性和触变性。砂浆中水泥水化后，形成硅酸盐、硫酸盐溶液，溶液中富含钙离子、钠离子，势必减弱蒙脱石水化后的膨胀性、黏性、稠性、润滑性和触变性，因此，必须对膨润土进行改性，使其在富含钙离子、钠离子的盐溶液介质中仍能保持其膨胀性、黏性、稠性、润滑性和触变性。

改性后的膨润土用于预拌砂浆，一般用量很小，起到优化配方作用，它对砂浆的防沉降有一定的帮助。

2.4 添加剂

添加剂是指可再分散乳胶粉（或乳液）、纤维、调凝剂、流化剂、调节砂浆体积变形剂以及憎水剂等能改变砂浆某些性能的少量物质的总称。添加剂赋予预拌砂浆特殊的性能，是区别于传统建筑砂浆的关键所在。

预拌砂浆中最关键的原材料是添加剂，虽然其掺量很少，但所起的作用却很大，它能显著改善砂浆的性能。例如，可以通过掺加可再分散乳胶粉使砂浆具有弹性，通过增加流化剂用量使地坪砂浆可以自由流淌，通过掺加纤维使砂浆表面裂缝大幅度减少等。因此，现代砂浆技术的发展就是将各种添加剂经济合理地应用到预拌砂浆中，以满足现代建筑技术发展的需求。在预拌砂浆产品成本中，添加剂占了很大的比例，而最常用的添加剂如可再分散乳胶粉，价格较贵，导致预拌砂浆的成本大幅提高。因此，如何选用、选好添加剂，是预拌砂浆的核心，通过调配添加剂来改善预拌砂浆的性能，使之满足工程的需要。

在添加剂应用于预拌砂浆时，应充分注意的问题是，应整体考虑添加剂对砂浆性能的影响，不能仅考虑提高某一性能，而忽略了对其他性能的不利影响。例如，掺加可再分散乳胶粉可大大提高砂浆与基层的黏结性能，但胶粉会降低砂浆的耐水性。憎水剂可提高砂浆抵抗微压力水的能力，但憎水剂可能降低砂浆的黏结性。因此，在配制预拌砂浆产品时，我们应综合考虑各组分对砂浆各项性能指标的影响，通过试验确定经济合理、技术先进的砂浆配方。

2.4.1 可再分散乳胶粉

可再分散乳胶粉是将高分子聚合物乳液通过高温高压、喷雾干燥、表面处理等一系列工艺加工而成的粉状热塑性树脂材料，这种粉状的有机胶黏剂与水混合后，在水中能再分散，重新形成新的乳液，其性质与原来的共聚物乳液完全相同。

目前市场上常见的可再分散乳胶粉品种有醋酸乙烯酯与乙烯共聚乳胶粉（EVA）、乙烯与氯乙烯及月桂酸乙烯酯三元共聚乳胶粉（E/VC/VL）、醋酸乙烯酯与乙烯及高级脂肪酸乙烯酯三元共聚乳胶粉（VAC/E/VEOVA）、醋酸乙烯酯与高级脂肪酸乙烯酯共聚乳胶粉（VAC/VEO/VA）、丙烯酸酯与苯乙烯共聚乳胶粉（A/S）、醋酸乙烯酯与丙烯酸酯及高级脂肪酸乙烯酯三元共聚乳胶粉（VAC/A/VEOVA）、醋酸乙烯酯均聚乳胶粉（PVAC）、苯乙烯与丁二烯共聚乳胶粉（SBR）等。

前三种可再分散乳胶粉在全球市场上占有绝大多数份额（超过80%）。尤其是第一种醋酸乙烯酯与乙烯共聚乳胶粉在全球占有领先的地位，并代表了可再分散乳胶粉特征的技术特性。图2-2为可再分散胶粉生产及工作过程示意图。

2.4.1.1 乳液的聚合

乳液聚合所采用的单体决定了可再分散乳胶粉的类型，用于制备可

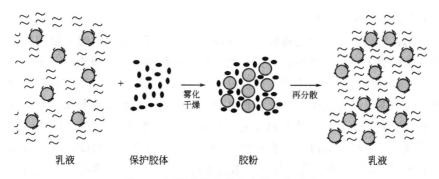

乳液　　　　　保护胶体　　　　　胶粉　　　　　　乳液

图 2-2　可再分散胶粉生产及工作过程

再分散乳胶粉的聚合物单体主要为烯，属不饱和单体，包括各种乙烯酯类和丙烯酸酯类。由于可再分散乳胶粉主要用于建筑结合材和黏合剂中，而醋酸乙烯聚合物具有低廉的价格、较高的黏结强度、无毒无害、生产和使用安全方便等优势，故其在应用于建筑结合材和黏合剂的聚合物乳液中用量最大。

一般来讲，制备可再分散乳胶粉所用的乳液，其聚合方法没有特别的限制，可以使用各种以水为分散介质的乳液聚合方法，但大多推荐使用连续或半连续乳液聚合法，也可以使用种子乳液聚合法，一般使用保护胶体和阴离子或非离子乳化剂，或不用乳化剂。制备可再分散乳胶粉所得的聚合物乳液其固体含量一般在 40% ～ 60% 之间，可以根据干燥器的性能、产品性能要求和干燥前需要加入的其他助剂量调节合适，对于乙烯-醋酸乙烯共聚型乳液，则应该稀释到 40% 以下。

为提高可再分散乳胶粉的可再分散性和防止在干燥和储存时结块，在干燥前一般应加入保护胶体或表面活性剂（乳化剂），使可再分散乳胶粉具有较强的亲水性和对碱的敏感性，最常用的保护胶体是部分水解的聚乙烯醇。聚乙烯醇中含有大量的羟基，耐水性相当差，而且醋酸乙烯聚合物由于其带有极性的酯基和羧基，本身的耐水性，尤其是耐热水性较差。在含有 PVA 和羧基的可再分散乳胶粉中，可以添加多价金属盐来提高其耐水性，尤其是耐热水性，因为 PVA 和羧基可与金属盐反应而变得不溶于水，在含有 PVA 的乳液中，还可以加入醛类，使 PVA 缩醛而降低其吸水性。除了 PVA 外，还可以选用其他一些耐水性较好的保护胶体，以保证产品的耐水性，如聚丙烯酸、改性聚丙烯酸等。

在乳液干燥之前，其他一些助剂，如消泡剂、增稠剂、憎水剂等，可以和乳液分散体一起干燥。

2.4.1.2 乳液的干燥

制备可再分散乳胶粉最常用的干燥方法是喷雾干燥法，也可以用减压干燥法和冰冻干燥法。干燥是可再分散乳胶粉制备中的一个难点，并不是所有的乳液都可以转变成为可再分散乳胶粉的，因为必须在高温下将这些室温下就可成膜甚至发黏的热塑性聚合物乳液转变为可自由流动的粉末。乳液分散体中乳液粒子的直径在数微米左右，在喷雾干燥过程中，乳胶粒子会凝聚，因此通常可再分散乳胶粉的粒径在 $10 \sim 500\mu m$ 之间，从扫描式电子显微镜（SEM）下可以看到，乳胶粒子凝结形成的是空心结构。可再分散乳胶粉再分散后，乳胶粒子的直径一般在 $0.1 \sim 5\mu m$ 之间，由于可再分散乳胶粉在分散时再分散液的乳胶粒子粒径分布是可再分散乳胶粉的主要质量指标之一，它决定了可再分散乳胶粉的黏合能力和作为添加剂的各种效果，因而要选用适当的分散和干燥方法，尽量使用分散液的粒子粒径与原来乳液的粒子粒径有相同的分布，以保证再分散液与原来乳液性质相近。

大部分可再分散乳胶粉使用并流式喷雾干燥工艺，即粉料运动方向和热风一致，也有使用逆流式喷雾干燥工艺的，其干燥介质一般使用空气或氮气。由于在喷雾干燥时，乳胶粒子容易出现凝结和变色等问题，因此，要严格控制乳液的添加剂、分散情况、乳液固体含量以及喷雾形式、喷雾压力、雾滴大小、进出口热风温度、风速等工艺因素。一般而言，双喷嘴或多喷嘴的效果和热利用率要优于单喷嘴，一般喷嘴的压力在 $4\times10^5 Pa$ 左右，热风进口温度在 $100\sim250℃$ 之间，出口温度在 $80℃$ 左右。加入高岭土、硅藻土、滑石粉等惰性矿物防结块剂，可以防止结块，但如在干燥之前加入，那么防结块剂可能被聚合物包裹成微胶囊而失去作用，大部分都是在干燥器顶部与乳液分别独立地喷入，但也容易随气流流失和在干燥器与输送管道上结壳，较好的加入方法是分成两部分加入：一部分在干燥器上部用压缩空气喷入；另一部分在底部与冷空气一起进入。为防止结块，也可以在乳液聚合过程中，当聚合达到 $80\%\sim90\%$ 时，对剩余部分进行皂化，或是在乳液中加入三聚氰胺-甲醛缩合物，也可利用某种乳化剂乳液。

在可再分散乳胶粉的生产过程中，胶粉是由单体乳化液滴转变而成的聚合物"固体"颗粒。严格来说，这些颗粒并不是固体，因为此处考虑的聚合物是热塑体，只有在低于某一临界温度时才成为固体，该临界温度被称为玻璃化温度（T_g）。只有在该温度以上，热塑体才失去其所有的结晶态性质，但由于聚合物像网那样相互交织在一起，这种材料实际上仍处于准固体状态。

2.4.1.3 胶粉在砂浆中的成膜过程

掺入可再分散乳胶粉的预拌砂浆加水搅拌后，可再分散乳胶粉对水泥砂浆的改性是通过胶粉的再分散、水泥的水化和乳胶的成膜来完成的。可再分散乳胶粉在砂浆中的成膜过程大致分为三个阶段。

第一阶段，砂浆加水搅拌后，聚合物粉末重新均匀地分散到新拌水泥砂浆内而再次乳化。在搅拌过程中，粉末颗粒会自行再分散到整个新拌砂浆中，而不会与水泥颗粒聚结在一起。可再分散乳胶粉颗粒的"润滑作用"使砂浆拌和物具有良好的施工性能；它的引气效果使砂浆变得可压缩，因而更容易进行镘抹作业。在胶粉分散到新拌水泥砂浆的过程中，保护胶体具有重要的作用。保护胶体本身较强的亲水性使可再分散乳胶粉在较低的剪切作用力下也会完全溶解，从而释放出本质未发生改变的初始分散颗粒，聚合物粉末由此得以再分散。在水中的快速再分散是使聚合物的作用得以最大程度发挥的一个关键性能。

第二阶段，由于水泥的水化、表面蒸发或基层的吸收造成砂浆内部孔隙自由水分不断消耗，乳胶颗粒的移动自然受到了越来越多的限制，水与空气的界面张力促使它们逐渐排列在水泥砂浆的毛细孔内或砂浆-基层界面区。随着乳胶颗粒的相互接触，颗粒之间网络状的水分通过毛细管蒸发，由此产生的高毛细张力施加于乳胶颗粒表面引起乳胶球体的变形并使它们融合在一起，此时乳胶膜大致形成。

第三阶段，通过聚合物分子的扩散（有时称为自黏性），乳胶颗粒在砂浆中形成不溶于水的连续膜，从而提高了对界面的黏结性和对砂浆本身的改性。

水泥砂浆中掺入可再分散乳胶粉后，砂浆的抗拉伸强度和抗折强度明显提高，而抗压强度没有明显改善，甚至有所下降。其原因是可再分散乳胶粉的增韧作用，提高了砂浆内部抗拉强度和界面黏结抗拉强度，大大改善了砂浆与基材的黏结抗拉强度。

我们知道，脆性材料的开裂主要是受拉伸破坏，当拉伸应力超过其自身的抗拉强度值时就会产生开裂。因此，具有较高的拉伸强度值是抵抗开裂的必要条件。

研究表明，随着聚灰比的提高，聚合物改性水泥砂浆的抗拉强度一般先提高，然后呈下降趋势，说明存在一个最佳的掺量范围。下降的原因一般是加入过量的可再分散乳胶粉导致引入过多的气泡，造成抗压强度呈下降趋势。因此，需通过调整灰砂比、水灰比、集料级配及集料种类来提高抗压强度。而提高抗拉强度、抗折强度，改善柔性、抗裂性能、憎水性能，则通过掺加可再分散乳胶粉实现，但不是掺加量越多就越好。胶粉掺量过低时，仅起到一些塑化作用，而增强效果不明显；胶粉掺量过大时，强度降低；只有当胶粉掺量适中时，既增加抗变形能力、拉伸强度及黏结强度，又提高抗渗性以及抗裂性。灰砂比、水灰比、集料的级配和种类、集料的特性都会最终影响到产品的综合性能。

2.4.1.4　胶粉的主要技术指标

可再分散乳胶粉的基本质量控制指标为固含量、堆积密度、灰分、pH值和残余水分。这些控制指标同生产时在不同工艺步骤过程中许多附加的内部质量控制措施一起来保证客户所得到的产品具有稳定的质量和性能。但最重要的评估是可再分散乳胶粉在最终产品中的性能，这可通过用固定原材料的标准配方、标准检测方法来评估最关键的性能，如黏结性、流动性、柔性等。

作为高分子聚合物热塑性树脂，不同型号的可再分散乳胶粉的主要物理性能不尽相同，如某一公司生产的某一型号的可再分散乳胶粉的物理性能指标如下：

固含量：$(99\pm1)\%$

灰分：$(10\pm2)\%$

堆积密度：(490 ± 50) g/L

外观：白色粉末

保护胶体：聚乙烯醇

粒径：大于 $400\mu m$ 的 $\leqslant4\%$，主要胶粒分布：$1\sim7\mu m$

最低成膜温度：0℃

成膜外观：透明，弹性

2.4.2　纤维素醚

纤维素醚是以木质纤维或精制短棉纤维作为主要原料，经化学处理后，通过氯化乙烯、氯化丙烯或氧化乙烯等醚化剂发生反应所生成的粉状纤维素醚。

纤维素醚的生产过程很复杂，它是先从棉花或木材中提取纤维素，然后加入氢氧化钠后经过化学反应（碱溶）转化成为碱性纤维素，碱性纤维素在醚化剂的作用（醚化反应）下，并经水洗、干燥、研磨等工序生成纤维素醚。

不同的醚化剂可把碱性纤维素醚化成各种不同类型的纤维素醚。纤维素的分子结构是由失水葡萄糖单元分子键组成的，每个葡萄糖单元内含有三个羟基，在一定条件下，羟基被甲基、羟乙基、羟丙基等基团所取代，可生成各类不同的纤维素品种。如被甲基取代的称为甲基纤维素，被羟乙基取代的称为羟乙基纤维素，被羟丙基取代的称为羟丙基纤维素。由于甲基纤维素是一种通过醚化反应生成的混合醚，以甲基为主，但含有少量的羟乙基或羟丙基，因此被称为甲基羟乙基纤维素醚或甲基羟丙基纤维素醚。由于取代基的不同（如甲基、羟乙基、羟丙基）以及取代度的不同（在纤维素上每个活性羟基被取代的物质的量），因此可生成各类不同的纤维素醚品种和牌号，不同的品种可广泛应用于建筑工程、食品和医药行业，以及日用化学工业、石油工业等不同的领域。

纤维素醚按其取代基的电离性能分为离子型和非离子型。离子型主要有羧甲基纤维素盐，非离子型主要有甲基纤维素（MC）、甲基羟乙基纤维素醚（MHEC）、甲基羟丙基纤维素醚（MHPC）、羟乙基纤维素（HEC）。图2-3～图2-5分别为不同品种纤维素醚的分子结构。

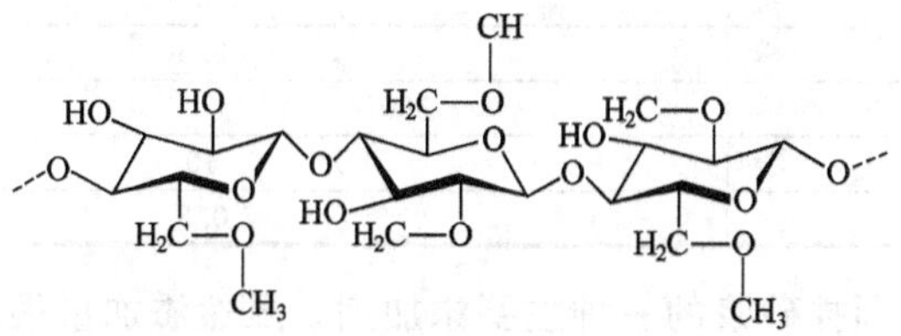

图 2-3　羧甲基纤维素盐的分子结构图

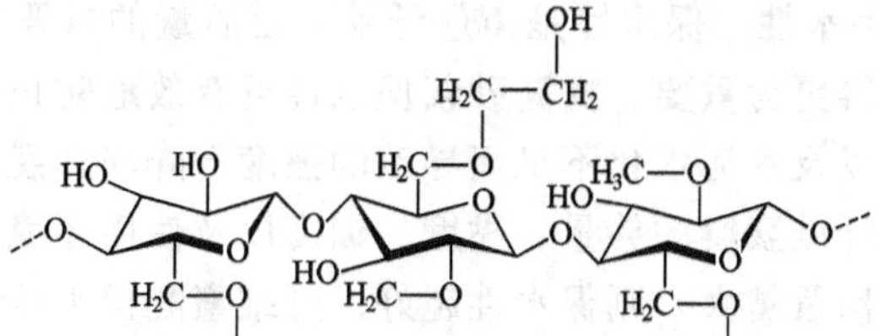

图 2-4　甲基羟乙基纤维素醚的分子结构图

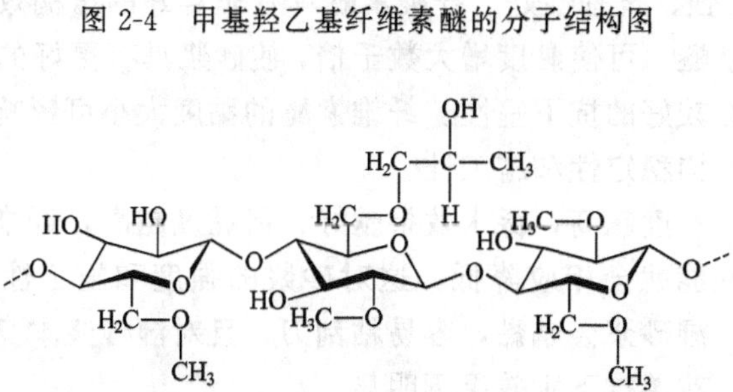

图 2-5　甲基羟丙基纤维素醚的分子结构图

由于离子型纤维素（羧甲基纤维素盐）在钙离子存在的情况下不稳，因此在以水泥、熟石灰为胶凝材料的预拌砂浆中很少使用。羟乙基纤维素也用于某些预拌砂浆中，但所占市场份额极少。现在预拌砂浆中使用的主要是甲基羟乙基纤维素醚（MHEC）和甲基羟丙基纤维素醚（MHPC），它们所占的市场份额已超过90%。

保水性和增稠性的效果依次为：甲基羟乙基纤维素醚（MHEC）＞甲基羟丙基纤维素醚（MHPC）＞羟乙基纤维素醚（HEC）＞羧甲基纤维素（CMC）。表2-11为纤维素醚在建筑预拌砂浆中的技术要求。

表 2-11　纤维素醚在建筑预拌砂浆中的技术要求

项　目		技　术　要　求			
		CMC	MHPC	MHEC	HEC
保水率/%	≥	90.0			
滑移/mm	≤	0.5			
终凝时间差/min	≤	360			—（认为需规定时间）
抗压强度比/%	≥	40			
拉伸黏结强度/MPa	≥	0.3			

纤维素醚是预拌砂浆的一种主要添加剂，虽然添加量很低，但却能显著改善砂浆性能，它可改善砂浆的稠度、工作性能、黏结性能以及保水性能等，在预拌砂浆领域有着非常重要的作用。其主要特性如下。

(1) 优良的保水性　保水性是衡量纤维素醚质量的重要指标之一，特别是薄层施工中显得更为重要。提高砂浆保水性可有效地防止砂浆因失水过快而引起的干燥，以及水泥水化不足而导致的强度下降和开裂现象。影响砂浆保水性的因素有纤维素醚的掺量、黏度、细度以及使用环境等。一般黏度越高，细度越细，掺量越大，则保水性越好。纤维素醚保水性与纤维素醚化程度相关，甲氧基含量高，保水性好。

(2) 黏结力强、抗垂性好　纤维素醚具有非常好的增稠效应，在预拌砂浆中掺入纤维素醚，可使黏度增大数千倍，使砂浆具有更好的黏结性，可使粘贴的瓷砖具有较好的抗下垂性。纤维素醚的黏度大小可影响砂浆的黏结强度、流动性、结构稳定性和施工性。

一般来说，黏度越高，保水效果越好，但黏度越高，纤维素醚的分子量越高，其溶解性能就会相应降低，这对砂浆的强度和施工性能有负面的影响。黏度越高，湿砂浆会越黏，容易粘刮刀，且对湿砂浆本身的结构强度的增加帮助不大，改善抗下垂效果不明显。

(3) 溶解性好　因纤维素醚表面颗粒经特殊处理，无论在水泥砂浆、石膏中，还是涂料体系中，溶解性都非常好，不易结团，溶解速度快。

在预拌砂浆中，纤维素醚起着保水、增稠、改善施工性能等方面的作用，良好的保水性可避免砂浆因缺水、水泥水化不完全而导致的起砂、起粉和强度降低；增稠效果使新拌砂浆的结构强度大大增强，粘贴的瓷砖具有较好的抗下垂性；掺入纤维素醚可以明显改善湿砂浆的湿黏性，对各种基材都具有良好的黏性，从而提高了砂浆的上墙性能，减少浪费。

不同品种纤维素醚在砂浆中发挥的作用也不尽相同，如纤维素醚在瓷砖黏结砂浆中可以提高开放时间，调整时间；在机械喷涂砂浆中可以改善湿砂浆的结构强度；在自流平砂浆中可以起到防止沉降、离析分层的作用。由于不同品种预拌砂浆对纤维素醚提出的技术要求不尽相同，因此，纤维素醚的生产厂家会对相同黏度的纤维素醚进行改性，以适用不同预拌砂浆产品的不同技术要求，以便于砂浆配方设计人员选用。

2.4.3　淀粉醚

淀粉醚是从天然植物中提取的多糖化合物，与纤维素相比具有相同的化学结构及类似的性能，基本性质如下。

溶解性：冷水溶解

颗粒度：≥98％（80目筛）

黏度：300～800Pa・s

水分：≤10％

颜色：白色或浅黄色

淀粉醚在水泥砂浆中的典型掺量为0.01％～0.1％，在石膏基产品中为0.02％～0.06％。掺量低，它仍可以显著增加砂浆的稠度，同时需水量和屈服值也略有增加。

尽管淀粉醚本身的黏度较低（2％水溶液中黏度为100～500mPa・s），但在与纤维素醚要配合使用时，可以使砂浆的稠度显著增加，新拌砂浆的垂流程度降低。这样使得批抹砂浆在垂直墙面上可以批得更厚，瓷砖胶能够黏附更重的瓷砖而不产生滑移。特殊类型的淀粉醚可以降低砂浆对镘刀的黏附或延长开放时间。但应该注意的是淀粉醚并不能提高砂浆的保水能力，这一点与纤维素醚有很大的区别。

淀粉醚应用于建筑砂浆中，可显著增加砂浆的稠度，改善砂浆的施工性和抗流挂性。淀粉醚通常与非改性及改性纤维素醚配合使用，它对中性和碱性体系都适合，能与石膏和水泥制品中的大多数添加剂相容，如表面活性剂、MC、淀粉及聚乙酸乙烯等水溶性聚合物等。

淀粉醚主要用于以水泥和石膏为胶凝材料的手工或机喷砂浆、瓷砖黏结砂浆、嵌缝料和黏结剂、砌筑砂浆等。

2.4.4 纤维

预拌砂浆中普遍采用化学合成纤维和木纤维。化学合成纤维,如聚丙烯短纤维、丙纶短纤维等,这类纤维经过表面改性后,不仅分散性好,而且掺量低,能有效改善砂浆的抗塑性、抗裂性。同时,对硬化砂浆的力学性能影响不大。木纤维则直径更小,掺加木纤维应注意其对砂浆需水量的增加。

目前,抹面砂浆、内外墙腻子粉、保温材料薄罩面砂浆、灌浆砂浆、自流平砂浆等的生产中都开始添加合成纤维或木纤维,而有些抗静电地面材料中则以金属纤维和碳纤维为主。

维纶纤维即维尼纶纤维(vinylon),化学名称为聚乙烯醇纤维或 PVA 纤维。这种纤维抗碱性强、亲水性好、可耐日光老化。产品有低弹性模量的普通维纶纤维、中强中模维纶纤维和高强高模维纶纤维。

腈纶纤维的化学名称为聚丙烯腈纤维或称 PANF 纤维。腈纶纤维具有较好的耐碱性与耐酸性,有一定的亲水性,吸水率为 2% 左右;受潮后强度下降较少,保留率为 80%～90%;对日光和大气作用的稳定性较好;热分解温度为 220～235℃,可短时间用于 200℃。丙纶纤维的化学名称为聚丙烯纤维。丙纶纤维是合成纤维中强度最小的一种,耐碱性与耐酸性能好,具有较好的使用温度,在混凝土和路面混凝土中已大量使用。

聚丙烯(PP)纤维具有良好的力学性能和化学稳定性及适宜的产品价格,应用最为广泛。常选用较细的纤维,单丝直径只有 12～18μm,能很好地分散在砂浆中,不需特殊工艺,就能将纤维很均匀地分散开,使用起来很方便,对防止砂浆的泌水和离析有一定的作用。因这种纤维很细,但在砂浆中的根数很多,非常多的乱排纤维在砂浆中构成一个较密的纤维网,阻止砂浆中各种颗粒的运动,因而有效地防止了砂浆的泌水和离析。

木质纤维是采用富含木质素的高等级天然木材(如冷杉、山毛榉等)以及食物纤维、蔬菜纤维等,经过酸洗中和,然后粉碎、漂白、碾压、分筛而成的一类白色或灰白色粉末状纤维。木质纤维是一种吸水而不溶于水的天然纤维,具有优异的柔韧性、分散性。在水泥砂浆产品中添加适量不同长度的木质纤维,可以增强抗收缩性和抗裂性,提高产品的触变性和抗流挂性,延长开放时间并起到一定的增稠作用。

复合纤维是以聚丙烯、聚酯为主要原料复合而成的一类新型的混凝土和砂浆的抗裂纤维,被称为混凝土的"次要增强筋"。随着复合材料的发展,抗裂纤维已开始大量应用于土木工程中。

在水泥砂浆和混凝土中掺入体积率为 0.05%～0.2% 的复合抗裂纤维时，能产生明显的抗裂、增韧、抗冲击、抗渗、抗冻融及抗疲劳等效果。这些优良的性能在抹灰砂浆、内外墙腻子和嵌缝剂的抗裂、增韧、抗渗方面起着非常重要的作用。

复合抗裂纤维适用于水泥基以及石膏基的抹灰砂浆、抗裂抹面砂浆、内外墙腻子、防水砂浆、石膏板及轻质混凝土板的嵌缝腻子、保温砂浆等品种。

2.4.5 其他添加剂

由于对预拌砂浆的性能要求较高，某些砂浆还要求具有多种功能。如自流平砂浆，除要求具有良好的流淌性能，能自动流动找平，还要求早期强度高，收缩小，耐磨，这就需要掺入不同的外加剂来满足其要求。

对于湿拌砂浆，由于砂浆生产厂一般都是每次运输一整车（几个立方米）砂浆到工地，而目前施工仍采用手工操作，使用砂浆的速度较慢，这就要求运到现场的砂浆有较长的缓凝时间。因此，一般需要掺加缓凝型外加剂来调整砂浆的凝结时间，但又不能影响砂浆强度的正常发展。

在选用砂浆外加剂时，应根据砂浆的性能要求及气候条件，结合砂浆的原材料性能、配合比以及对水泥的适应性等因素进行选取，并通过试验确定其掺量。如防水砂浆通常需要掺加防水剂；灌浆砂浆通常需要掺加膨胀剂等。下面简要介绍几种常用外加剂。

2.4.5.1 减水剂

目前使用较为广泛的减水剂种类为：木质素系减水剂、萘系高效减水剂、三聚氰胺系高效减水剂以及聚羧酸盐系高效减水剂。

(1) 木质素系减水剂 木质素系减水剂主要成分为木质素磺酸盐，包括木钙、木钠和木镁三种，为普通减水剂。其减水率不高，而且缓凝、引气，因此使用时要控制适宜的掺量，否则掺量过大会造成强度下降且不经济，甚至很长时间不凝结，造成工程事故。一般适宜掺量为水泥质量的 0.2%～0.3%。

(2) 萘系高效减水剂 萘系、甲基萘系、蒽系、古马隆系、煤焦油混合物系减水剂，因其生产原料均来自煤焦油中的不同馏分，因此统称为煤焦油系减水剂。此类减水剂皆为含单环、多环或杂环芳烃并带有极性磺酸基团的聚合物电解质，分子量在 1500～10000 的范围内。因磺酸基团对水泥分散性很好，即减水率高，故煤焦油系减水剂均属高效减水剂的范畴，在适当分子量范围内不缓凝、不引气。由于萘系减水剂生产工艺成熟，原料供应稳定，且产量大、应用广，逐渐占了优势，因而通常煤焦油系减水剂主要是指萘系减水剂。萘系高效减水剂喷雾干燥后，可用于灌浆料做流平剂。适宜掺量一般为水泥质量的 0.2%～1.0% 。

(3) 三聚氰胺系高效减水剂 三聚氰胺系高效减水剂（俗称蜜胺减水剂），化学名称为磺化三聚氰胺甲醛树脂，其性能与萘系减水剂近似，均为非引气型，且无缓凝作用。其减水增强作用略优于萘系减水剂，但掺量和价格也略高于萘系减水剂。三聚氰胺系高效减水剂喷雾干燥后，已广泛用于灌浆料、自流平砂浆等产品。适宜掺量一般为水泥质量的 0.5%～2.0% 。

(4) 聚羧酸盐系高效减水剂 聚羧酸盐系高效减水剂是随着高性能混凝土的发展和应用而开发、研制的一类新型高性能混凝土减水剂，它具有强度高，耐热性、耐久性、耐候性好等优异性能。其优点是掺量小、减水率高，具有良好的流动性；保坍性好，90min 内坍落度基本无损失；合成中不使用甲醛，对环境不造成污染。聚羧酸盐系高效减水剂用于预拌砂浆还处于起步阶段。适宜掺量一般为水泥质量的 0.05%～1.0% 。

减水剂的品种繁多，从理论上讲，木质素系、萘磺酸盐系、密胺系、氨基磺酸盐系、脂肪族系和聚羧酸盐系减水剂都可用作水泥浆体系的分散剂使用，但由于这些减水剂不仅自身分散、塑化和增强效果差异较大，而且与所用水泥、粉煤灰、矿渣粉等存在一定的适应性。更重要的是，预拌砂浆是一种多组分、各组分比例相差悬殊的混合体，尤其是增稠剂和保水剂的存在，大大影响了减水剂的塑化分散效果。当某种组分的增稠剂或保水剂存在于水溶液相中时，某些种类的减水剂不仅无法发挥其应有的塑化效果，有时甚至会使砂浆流动性更差。因此，在生产高流动性砂浆，选择减水剂时，必须经过大量的试验验证，选择最合适的减水剂品种，并确定其最佳掺量。

2.4.5.2 缓凝剂

缓凝剂按其化学成分可分为有机物类缓凝剂和无机盐类缓凝剂两大类。有机物类缓凝剂是较为广泛使用的一大类缓凝剂，常用品种有木质素磺酸盐及其衍生物、羟基羧酸及其盐（如酒石酸、酒石酸钠、酒石酸钾、柠檬酸等，其中以天然的酒石酸缓凝效果最好）、多元醇及其衍生物和糖类（糖钙、葡萄糖酸盐等）等碳水化合物。其中多数有机缓凝剂通常具有亲水性活性基团，因此其兼具减水作用，故又称其为缓凝减水剂。无机盐类缓凝剂包括硼砂、氯化锌、碳酸锌以及铁、铜、锌的硫酸盐、磷酸盐和偏磷酸盐等。

普通水泥砂浆或水泥石灰混合砂浆中的水泥一般为普通硅酸盐水泥，其初凝时间为 2h，终凝时间为 3～4h。所以，砂浆的凝结时间为 3～8h。湿拌砂浆的特点是一次生产量大，而目前现场施工大部分为手工操作，施工速度较慢，因此湿拌砂浆在工地不会很快使用完，需要储存在密闭容器中，在规定时间内逐步地使用完。因此，需采用专用缓凝剂来延长湿拌砂浆的可操作时间。湿拌砂浆的凝结时间可根据要求划分为8h、12h和24h。

湿拌砂浆专用的缓凝外加剂应具有推迟水泥初凝时间的性质，使砂浆在密闭容器内最长可保持24h不凝结，超过上述时间或者砂浆中的水分被吸附蒸发后，砂浆仍能正常凝结硬化。与商品混凝土施工速度快、需求量大的特点不同，预拌砂浆施工速度较慢（目前现场仍采用手工砌筑或抹面的施工工艺），且每次的需求量较少。为使现场的砂浆能保持一定时间的施工性，要求砂浆具有一个时间段的休眠期；但为保证砂浆能满足施工进度的需要，又要求施工后的砂浆能尽快凝结硬化。因此，湿拌砂浆专用缓凝外加剂必须同时具有这两种功能。专用缓凝外加剂品质指标见表2-12。

表2-12　专用缓凝外加剂品质指标

项目	氯离子含量/%	砂浆凝结时间/h
质量要求	≤0.4	≥24

2.4.5.3　引气剂

引气剂属于表面活性剂，可分为阴离子、阳离子、非离子与两性离子等类型，使用较多的是阴离子表面活性剂，常用的有以下几类。

(1) 松香类引气剂　松香类引气剂系松香或松香酸皂化物与苯酚、硫酸、氢氧化钠在一定温度下反应、缩聚形成大分子，经氢氧化钠处理，成为松香热聚物。

(2) 非松香类引气剂　非松香类引气剂包括烷基苯磺酸钠、OP乳化剂、丙烯酸环氧酯、三萜皂苷。这类引气剂的特点是在非离子表面活性剂基础上引入亲水基，使其易溶于水，起泡性好，泡沫细致，而且能较好地与其他品种外加剂复合。其中烷基苯磺酸钠易溶于水，起泡量大，但泡沫易于消失。

2.4.5.4　消泡剂

消泡剂是一种抑制或消除泡沫的表面活性剂，具有良好的化学稳定性；其表面张力要比被消泡介质低，与被消泡介质有一定的亲和性，分散性好。有效的消泡剂不仅能迅速使泡沫破灭，而且能在相当长的时间内防止泡沫的再生。消泡剂的功能与引气剂相反。消泡剂的作用机理可分为破泡作用与抑泡作用。破泡作用：破坏泡沫稳定存在的条件，使稳定存在的气泡变为不稳定的气泡并使之进一步变大、析出，并使已经形成的气泡破灭。抑泡作用：不仅能使已生成的气泡破灭，而且能较长时间抑制气泡的形成。

由于预拌砂浆中掺有纤维素醚、可再分散乳胶粉以及引气剂等，在砂浆中引入了一定的气泡；另外，干粉料与水搅拌时也会产生气泡。这就影响了砂浆的抗压、抗折及黏结强度，降低了弹性模量，并对砂浆表面产生了一定影响。有些预拌砂浆产品，对其外观有较高的要求，如自流平砂浆，通常要求其表面光滑、平整，而自流平砂浆施工时，表面形成的气孔会影响最终产品的表面质量和美观性，这时需使用消泡剂消除表面的气孔；又如防水砂浆，产生的气泡会影响到砂浆的抗渗性能等。因此，在某些预拌砂浆中，可使用消泡剂来消除砂浆中引入的气泡，使砂浆表面光滑、平整，并提高砂浆的抗渗性能和增加强度。

消泡剂的种类很多，如有机硅、聚醚、脂肪酸、磷酸酯等，但每种消泡剂各有其自身的适应性。预拌砂浆是一种强碱性环境，应选用粉状、适合碱性介质的消泡剂。

参 考 文 献

[1] 张雄，张永娟. 建筑功能砂浆. 北京：化学工业出版社，2006.

[2] 杨斌. 我国的干混砂浆标准简介. 新型建筑材料，2004，11：50-53.

[3] 王培铭. 商品砂浆. 北京：化学工业出版社，2008.

[4] 陈家珑. 人工砂——新型建筑用砂. 新型建筑材料，2002，6：32-34.

[5] 王培铭，张国防. 干混砂浆的发展和聚合物干粉的作用. 中国水泥，2004，1：45-48.

[6] 刘文斌，徐永红. 保水增稠剂改性粉煤灰砂浆性能的研究. 粉煤灰，2008，20 (1)：20-21.

[7] 张秀芳，赵立群，王甲春. 建筑砂浆技术解读470问. 北京：中国建材工业出版社，2009.

[8] 邱永侠. 纤维素醚性能及在普通干粉砂浆中的应用. 墙材革新与建筑节能，2010，7：53-55.

[9] 王培铭. 商品砂浆的研究与应用. 北京：机械工业出版社，2006.

3　预拌砂浆生产工艺及设备

　　预拌砂浆是一种由先进生产设备——微机控制的全自动预拌砂浆搅拌站（楼）通过砂预处理（包括烘干、筛分）、配料计量、搅拌混合、储存包装或散装的工厂化生产的砂浆。由于在生产过程中严格的称量配比，并且根据砂浆的不同功能要求加入了相应的化学添加剂，大大提高了砂浆的质量。预拌砂浆的应用避免了现场人工配制的质量缺陷，确保了建筑施工质量，同时减少了城市垃圾及环境污染，提高了文明施工的程度，是一种具有广阔市场前景的绿色环保型建筑新材料。

　　预拌砂浆生产设备是用来集中混合普通砂浆的联合装置，又称预拌砂浆生产工厂。预拌砂浆生产设备类型较多，按混合形式分，有单混式预拌砂浆生产设备和双混式预拌砂浆生产设备两种型式；按结构形式分，有简易式预拌砂浆生产设备、串行式预拌砂浆生产设备和塔楼式预拌砂浆生产设备。产品结构形式灵活多样，适应性强，可模块化扩展；控制方式有手动、半自动、全自动；干砂方法有振动流化床和机械滚筒式；混合主机有无重力双轴桨叶混合机、卧式螺带混合机、犁刀式混合机；按混合机工作方式有间隙式和连续式。

　　预拌砂浆生产及施工的主要设备有砂预处理（干燥、筛分、输送）系统、各种粉状物料仓储系统、配料计量系统、混合搅拌系统、包装散装系统、收尘系统、电气控制系统及物流输送和搅拌喷送施工设备等组成。本章从介绍预拌砂浆生产工艺入手，主要介绍预拌砂浆设备。

3.1　预拌砂浆生产工艺流程

　　预拌砂浆一般是指将最初的砂经烘干筛选后加上一定量的胶结材料（水泥、石膏）和微量高科技添加剂，按科学配方加工而成的均匀混合物，成品砂浆根据不同用途具有抗收缩、抗龟裂、保温、防潮等特性。产品可采用包装或散装的形式运至工地，按规定比例加水拌和后即可直接使用。

　　其生产工艺流程（图 3-1）如下：干砂经筛分后经由提升机系统 1 提升至原料储存系统 4 按不同粒径分别存放，水泥、粉煤灰等泵送至相应料仓，添加剂按不同品种分别置于不同料仓 7，根据预拌砂浆配合比将不同原料由计量系统 2 精确称量后送入混合系统 3，均匀混合后送至仓储系统 6 散装或包装出厂。

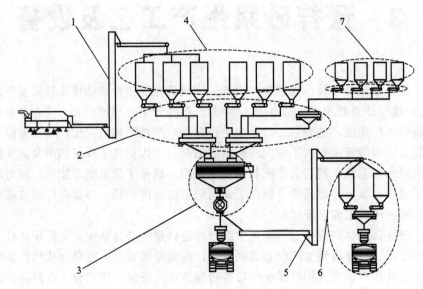

图 3-1　预拌砂浆生产工艺流程图

1—干砂提升系统；2—计量系统；3—混合系统；4—原料储存系统；
5—输送系统；6—仓储系统；7—添加剂储存系统

按照结构划分，预拌砂浆生产工艺一般有三种形式：简易式、串行式和塔楼式。

(1) 简易式预拌砂浆生产线　这种生产线（图 3-2）通常用于特殊产品的生产，由原料储存系统 1、输送系统 2、计量系统 3、混合系统 4 等部分组成，主要设备有提升机、预混仓、混合机、成品仓、包装绞龙、除尘器、电控柜、气相平衡系统等，一般是半自动化的，但主要成分的配料、称重和装袋也可实现自动化。设备结构紧凑、模块化扩展、投资少、建设快。

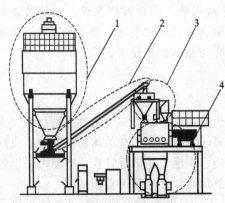

图 3-2　简易式预拌砂浆生产线

1—原料储存系统；2—输送系统；
3—计量系统；4—混合系统

(2) 串行式预拌砂浆生产线
这种生产线（图 3-3）是专为建筑高度受到限制的情况下而设计的，

主要由提升机、预混仓、小料仓、混合机、成品仓、包装机、除尘器、电控柜、气相平衡系统组成。水泥、粉煤灰、干砂等大比例原料经过计量由提升机送入预混仓，纤维素、胶粉等小比例贵重物料可通过电子秤计量投入外加剂料斗，再进入混合机混合之后通过包装机自动计量包装或者散装出厂。

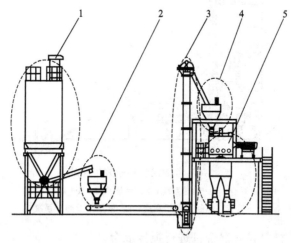

图 3-3 串行式预拌砂浆生产线
1—原料储存系统；2—中间仓；3—提升系统；4—计量系统；5—混合系统

串行式预拌砂浆生产线的高度和基础截面较小，其生产能力为50～100t/h，设备的机械组件和全自动计算机控制保证了生产系统的高精度，可实现模块化扩展，性价比高。

(3) 塔楼式预拌砂浆生产线 生产线的原材料筒仓、称量、混合机、包装设备依次上下垂直架设（图 3-4），物料基本上在重力驱使下流动。这样的工艺线采用紧凑的纵向结构和模块化设计，适于进行广泛的散装物料拌和，可通过优化物流而使市场过程和企业成本最小化，既缩小了建筑面积，还能节省投资和运营成本，同时具有输送快、无死角、粉尘污染少等特点。每条生产线的生产能力高达 200t/h，设备的全自动计算机控制系统具有完美的配料和称重功能、常用配方的记录和统计显示数据库、客户/后勤服务组件，缺点是设备的投资较大。

综上所述，不论哪种工艺，预拌砂浆生产的基本流程如下。

① 砂预处理包括采石、破碎、干燥、（碾磨）、筛分、储存。若有河砂，则只需干燥、筛分，有条件的地方可直接采购成品砂送入砂储仓。

② 胶结料、填料以及添加剂送入相应的储仓。

③ 根据配方进行配料计量。

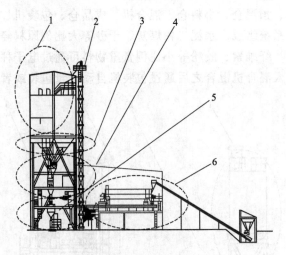

图 3-4 塔楼式预拌砂浆生产线

1—原料仓；2—输送系统；3—计量系统；4—混合系统；

5—散装、包装及发运系统；6—砂烘干及筛分系统

④ 各种原材料投入混合机进行搅拌混合。

⑤ 成品砂浆送入成品储仓进行产品包装或散装。

⑥ 产品运送至工地。散装预拌砂浆必须采用散装筒仓或专用散装运输车辆运送，以防发生离析现象，影响工程施工质量。

⑦ 预拌砂浆投入砂浆流动罐搅拌机按比例加水混合。

3.2 砂预处理系统（干燥、筛分、输送）

配制预拌砂浆主要成分是砂，其比例占总量的 70% 左右，砂的含水率变化范围大，而用于预拌砂浆的砂的含水率只能控制在 0.2% ~ 0.5%，且须储存在密封容器内，否则将严重影响成品预拌砂浆的储存时间，为此对市场采购的原始砂必须进行砂的含水率测定、干燥、筛分、输送。

3.2.1 原砂的干燥

3.2.1.1 不同烘干机的比较

原砂的干燥是采用烘干机实现的，常见筒式烘干机有两种：一种是采用现有单筒烘干机（如图 3-5 所示）对湿骨料进行烘干，工作时骨料在一端进料，另一端出料；第二种是采用双筒烘干机（图 3-6）对湿骨料进行烘干，工作时骨料在同一端进料、出料，安装及维护困难。这两种筒式烘干机存在

以下的缺点。

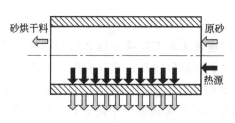

图 3-5 单筒烘干机原理图

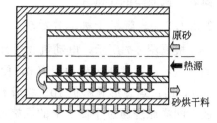

图 3-6 双筒烘干机原理图

① 热效率低。传统单筒烘干机热效率为 35%，双筒烘干机热效率为 60%（图 3-5 和图 3-6 中箭头颜色深浅代表散热量的多少），单筒烘干机截面常出现空洞而引起的热交换面积小，存在单位容积蒸发强度低的缺陷。

② 出料温度高。必须长时间仓储或加装风冷系统，骨料才能进入正常生产。

③ 烘干筒工作时能耗高。单筒烘干机采用常规的齿轮、齿圈传动，需经常维护，配套的传动功率和引风机功率较大。

④ 设备占用空间大，土建成本高。

⑤ 设备制造时耗材多，工作时骨料落差大，叶片容易磨损。

由于传统筒式烘干机存在上述缺点，使烘干机不能发挥出节能、维护方便等应有的优越性，所以它实际上还不能满足预拌砂浆骨料烘干的需要。鉴于此，近年引进国外技术，开发出一种新型三筒烘干机（图 3-7），广泛应用于预拌砂浆行业，这是一种环保节能、高效的烘干设备，解决预拌砂浆骨

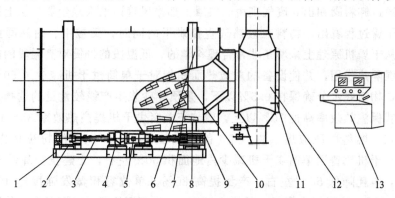

图 3-7 三筒烘干机结构示意图

1—底座；2—托轮；3—万向联轴器；4—减速箱；5—电动机；6—滚道；7—内筒；
8—中筒；9—外筒；10—导料板；11—数字式测温仪；12—出料嘴；13—控制系统

料烘干的需求，其热效率可达 75% 以上，是单筒烘干机效率的 210%，是双筒烘干机效率的 125%。

3.2.1.2 三筒烘干机工作原理

根据图 3-7 所示，电动机 5 通过减速箱 4 和万向联轴器 3 带动托轮 2 转动，然后通过摩擦力带动滚道 6，使烘干机筒身转动；热风和湿骨料进入内筒 7，通过螺旋形导料板 10，将骨料推向前方，即进入内筒 7 和中筒 8 的空腔。同样原理通过中筒 8 上的螺旋形导料板将骨料推向中筒 8 和外筒 9 的空腔，外筒 9 上导料板将烘干的骨料，通过出料嘴 12 排出烘干机。

三筒烘干机是对单筒烘干机的技术创新后推出的结构先进的新产品，能够有效利用热能，且热效率高。烘干机筒体部分由 3 个同轴水平放置的内中外筒套叠组成，这就使筒体的截面得到充分的利用。其筒体外形总长约为与之相当的单筒的 30%～35%，从而大幅减少占地面积和厂房建筑面积。

三筒烘干机的支承装置是利用外筒上的托轮与轮带支承，由电动机直接带动托轮，通过托轮与轮带摩擦，使筒体转动。该机总体结构紧凑、合理、简单，为便于磨损件的检修更换，在中间设计成轴向剖分式，用螺栓固定连接。

三筒烘干机工作时，热气流在排风机抽吸下，进烘干机内筒，湿料进入内筒先预烘干，随着筒体旋转与热气流汇合，被扬料板扬起与热气流进行充分的热交换，同时向前移动。同样物料依次进入中、外筒后，物料被扬料板扬起，并均匀地撒在中、外筒壁上，随着筒体慢速回转，物料在环形空间能经历较长的滞留时间，最后沿着外筒壁和内筒的导向卸料板流向中筒出口端，通过卸料阀卸出，废气则由卸料罩上部排风管道抽入除尘器。从上述物料的干燥过程看出，物料在被热气直接烘干的同时，又被中、内筒间接烘干。从干燥机原理上来看是非常合理科学的，低温段的外筒对高温段的内筒有保温隔热作用，并使设备的总散热面积相对于单筒烘干机减少了 50%～60%，物料终水分确保在 0.5% 以下，是预拌砂浆生产线较常见的选择。筒体自我保温热效率高达 70% 以上，较传统单筒烘干机提高热效率 35～45 个百分点。燃料可适应煤、油、气，能够烘粒径 20mm 以下的粉粒状物料。三筒烘干机比普通单筒烘干机减少占地面积 50% 左右，土建投资降低 50% 左右，电耗降低 50% 左右，产量提高 80%，单位容积蒸发强度达 160～280kg/m³，吨料标准煤耗一般为 6～10kg。出气温度低 100℃ 左右，故降尘设备使用寿命高。

图 3-8 为三筒烘干机原理图。

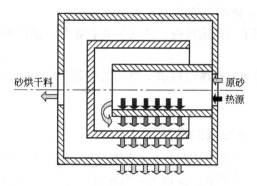

砂烘干料

原砂

热源

图 3-8　三筒烘干机原理图

3.2.1.3　三筒烘干机技术参数和技术优势

(1) 技术参数　某厂生产的三筒烘干机技术参数见表 3-1。

表 3-1　三筒烘干机技术参数

规格型号	时产/(t/h)	功率/kW	煤耗/(每吨干砂/kg 标煤)	热效率/%
ST15	15	11	6~12	>75
ST25	25	15	6~12	>75
ST35	35	22	6~12	>75
ST45	45	30	6~12	>75
ST55	55	33	6~12	>75
ST65	65	37	6~12	>75

(2) 技术优势

① 由于采用了彼此镶嵌的组合式结构，内筒和中筒被外筒所包围，这样便形成了一个自我保温结构筒体，使散热面积大大减少，而热交换面积大大增加，而且外筒的散热面积处于低温区。为了进一步提高烘干机的热效率，减少散热损失，还可以在外筒的外表面加一层保温材料，用白铁皮或0.2mm 不锈钢板包起来，由于采用了三筒式结构，在内筒和中筒的外表加设扬料板，这样不但增加了筒体的热容量，同时使物料在筒内的分散度进一步提高，增加了物料的热交换面积，大大提高了蒸发强度，进一步提高了烘干效率，更符合物料的干燥机理，热量得到了充分利用，降低了排出废气和干物料温度，从而进一步提高了热效率，提高了干物料产量，降低了能耗。

② 由于采用了三筒式结构，使筒体的长度大大缩短，从而减少了机体的占地面积，一般减少 2/3~1/2，降低了土建投资费用。

③ 简化了传动系统，去掉了大小齿轮传动和笨重的传动系统，采用行星减速和电动机直联的减速电机、直接驱动托轮和轮带，从而降低了造价，

提高了传动效率，降低了噪声。

④ 由于采用了三筒式结构，降低了物料在筒内的落差，从而降低了噪声和筒体的磨损。

⑤ 由于与传统的单筒回转烘干机工艺流程相同，所以可方便代替单筒和双筒回转烘干机。

3.2.2 尾矿、废石机制砂应用

我国现行开展城市禁止现场搅拌砂浆工作，新建的预拌砂浆企业大部分都是采用长江砂或者河砂，加以用煤或者油、天然气来烘干而制成的预拌砂浆，其最大的弊端如下。

① 天然砂是我国不可再生的资源性材料，对天然砂的依赖和过量开采，破坏了长江和河道的生态环境。

② 天然砂需要用煤、油来进行烘干，而烘干过程所释放的二氧化碳和烟尘仍影响大气环境，生产过程中还产生了煤、油能源消耗浪费的问题。

③ 城市在烟尘控制区内要新建预拌砂浆生产企业，必然引起地方政府对 GDP 能耗上升的压力和环境污染的担忧，所以一般不予核准环评手续。

④ 当前推动城市禁止现场搅拌砂浆工作的难点，预拌砂浆价格偏高，天然砂的烘干成本是主要原因。根据测算：其中烘干每吨天然砂就需 8.5kg 标准煤，那么一个 20 万吨的砂浆企业每年消耗煤炭近 2000t，企业年增费用近 200 万。

所以选择以矿山废石通过机械破碎制造砂来代替天然砂成为预拌砂浆的骨料；以水泥作为砂浆强度的胶凝材料；用矿山废石机制砂中的细粉料来代替粉煤灰，改变预拌砂浆的包浆性能与施工性；通过选用合理的保水增稠添加剂来调节高品质砂浆及施工性能。这就从根本上改变了原有预拌砂浆的生产工艺，实现预拌砂浆历史上的颠覆。舍弃烘干，实现资源综合利用，实现 100％散装运作，无污染、零排放，更节能、更环保的目标，这是低碳经济在预拌砂浆行业的时代呼唤，也是各级散装水泥管理部门推动这项事业与时俱进的客观要求。

3.2.2.1 机制砂的优点及其使用条件

① 选择机制砂首先是当地大环境的需要，也就是说长江砂和河沙资源缺乏的城市，其次当地有充足的尾矿废石资源。

② 一般当地有充足的水泥生产业和符合条件的废石来源，水泥生产大量石灰石的开采也带来了尾矿的形成，平时都作为废石用于填埋铺路，综合二次利用既符合国家的政策，又带动了当地老百姓的致富，所以也是一项变

废为宝的民生工程。

③ 机制砂无论在物理性能还是化学性能上都能媲美天然砂，形成的级配要比自然砂合理，关键是制作机制砂颗粒要满足预拌砂浆骨料的要求，要使机制砂同样达圆润粒状，减少片状和棱角的机制砂，使得预拌砂浆的施工性能不受影响。

④ 尾矿的选用要满足规格颗粒的粒径，既要控制表面水分，使制成的机制砂含水率必须达到技术规程要求，又要去除软质泥土，控制砂浆水灰比大而带来的水化收缩。

⑤ 可用于制砂的岩石一般有花岗岩、天然河卵石、安山岩、流纹岩、闪长岩、砂岩、石灰岩，制成的砂按岩石的种类不同，有不同的强度。

3.2.2.2 制砂设备的选择

机制砂矿山设备的主要品种有颚式破碎机、立轴反击破碎机、滚式破碎机、圆锥破碎机、可逆反击式破碎机、立轴冲击式破碎机等，这些制砂设备各有不同特点和不同的用途。

由于预拌砂浆用的是细砂，细度模数一般在 1.6～2.2。为了提高砂浆的流动性，砂颗粒最好是球形或立方体，传统形式的破碎机很难满足颗粒级配及颗粒形貌的要求。目前常采用立轴冲击式破碎机，它是由矿山设备制造企业吸取了国外同类先进技术研制的具有国际先进水平的高效低能耗设备，该设备在其他各种矿石、耐火材料金刚砂、玻璃原料等高硬、特硬物料的中、细砂领域得到普遍的使用。

立轴冲击式破碎机的工作原理：物料由进料斗进入破碎机，经分料器将物料分成两部分，一部分从分料器中部进入高速旋转的叶轮中，在叶轮内被迅速加速，可达数百倍重力加速度，从叶轮三个均布的流道内抛射出去，首先与由分料器四周落下的另一部分物料冲击破碎，然后一起冲击到涡动腔内物料衬层上，被物料衬层反弹，斜向上冲击到涡动腔的顶部，又改变其运动方向，偏转向下运动，从叶轮流道发射出来的物料形成连续的物料幕。这样一块物料在涡动破碎腔内受到两次以至多次的撞击、摩擦和研磨破碎作用，被破碎的物料出下部排料口排出，和筛分系统形成闭路循环。

立轴冲击式破碎机工作特点是结构简单合理、运行成本低；石打石、石打铁的方式高效节能、破碎效率高；具有细碎、粗磨功能；通过非破碎物料的能力强，受物料水分影响小，进料含水量可达 8%；可破碎中硬、特硬物料（如刚玉、烧结铝矾土等），产品呈立方体，颗粒形貌佳；粉尘污染少；安装、操作、维修方便。

3.2.2.3　机制砂工艺流程及厂房布局

①生产工艺流程是：尾矿石输送上料——制砂机制砂——筛分机筛选——分级进筒仓——外加剂混合砂配料计量——混合机材料混合——进散装成品仓或散装发放。

②机制砂工艺流程生产线是传统生产线的升级产品，其组成部件大多与传统生产线相同，主要是废弃了烘干系统，关键部件是为适应机制砂生产线而特别设计、改进的。工厂的格局以积木式串行布置，外围应采用彩钢板密闭围护，进一步隔离噪声。

③由于机制砂与天然砂外形不同，振动筛及分级筛的筛网建议采用美国杜邦公司制造的非金属材料，其耐磨性是金属筛网的三倍，可减少维修更换的频次。

④整个生产工艺全过程应采用密闭设计，避免敞开式物料传送而带来的粉尘外溢，采用密闭提升和罐式进料，并采用多级收尘配置，加强各粉尘点的扬尘控制，车间内部粉尘排放应当达到环保监测的要求。

3.2.3　干砂的筛分系统

筛分操作按物料含水分的不同可分为干法筛分和湿法筛分两种。砂浆企业一般采用干法筛分。对于粘湿的砂子进行干法筛分比较困难，也可采用湿法筛分。即在筛面上喷水将细粒级及泥质冲洗下去，或将筛面和物料都浸在水中进行筛分。国外预拌砂浆行业通常有专业烘砂的企业为之配套。

按筛分用途不同，主要可分为独立筛分和辅助筛分两类。筛分后所得的产品即为成品的筛分称为独立筛分；与粉碎、干燥作业配合的筛分称为辅助筛分。预拌砂浆生产中，需要将物料中大于5mm的颗粒除去，有时还需要将物料分为若干级别的产品，常采用独立筛分。

预拌砂浆生产中常需要把物料分成若干粒级，通常使用一系列筛孔不同的筛面按一定的排列次序（筛序）进行筛分。

3.2.3.1　筛分机械分类

筛分机类型按筛面的运动方式可分为如下四类。

(1) 固定筛　筛面固定，构造简单，动力小或不需要动力，可用作破碎作业的预先筛分。有固定格筛和滚轴筛等。

(2) 回转筛　由筛网或筛板制成筒形面做回转运动的筛机。有圆筒筛、圆锥筛、角柱筛和角锥筛等。

(3) 摇动筛　依靠曲柄连杆机构，传动机构可使筛面产生往复运动。有单箱摇动筛和双筛箱摇动筛等。

(4) 振动筛 依靠激振器使筛产生振动的筛机。按传动方式可分为机械振动筛和电磁振动筛两类。根据筛面运动轨迹不同，又可分为圆振动筛和直线振动筛两类。

目前砂浆行业大多使用摇动筛、振动筛或回转筛，使用较多的是回转筛。

3.2.3.2 回转筛的工作原理、类型及性能特点

回转筛是一种具有做回转运动筒形筛面的筛机。回转筛按筛面形状的不同（图3-9），可分为圆筒筛、圆锥筛、多角筒筛（或称角柱筛）和角锥筛四种，一般锥筛水平安装，筒筛呈稍微倾斜安装，筒体倾角为5°～11°。

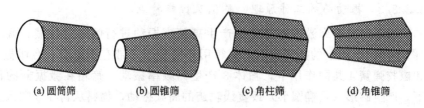

(a) 圆筒筛　　　(b) 圆锥筛　　　(c) 角柱筛　　　(d) 角锥筛

图 3-9　回转筛的类型

角锥筛以六角形筛面较多，常称为六角筛（图3-10）。其工作原理为：电机经减速器带动筛机的中心传动轴1，从而使筛面3作等速旋转，物料由进料端4加入，在筒内由于摩擦力作用被带至一定高度，然后因重力作用沿

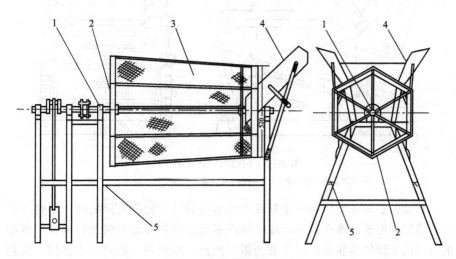

图 3-10　角锥筛结构示意图

1—传动轴；2—出料端；3—筛面；4—进料端；5—机架

筛面向下滚动，随之又被带起，物料在筒内的运动轨迹为螺旋形。这样一边进行筛分，一边沿倾斜的筛面逐渐移向出料端。细粒通过筛孔落入料斗，粗料由筛筒的出料端 2 排出。

多角筛与圆筒筛相比，由于物料在筛面上有一定的翻动，产生轻微的抖动或振动，故筛分效率较高。回转筛的优点是：转动均匀缓慢，冲击和振动小，工作平稳，不需特殊基础，可以安装在楼面上或料仓下面，易于密闭收尘，维修方便，使用寿命较长。

其主要缺点是：筛面利用率低，工作面积仅为整个筛面的 1/6 左右；设备庞大，金属用量多；筛孔容易堵塞，筛分效率低，动力消耗大；不适于筛分含水量较大的物料。

3.2.3.3 振动筛的工作原理、类型及性能特点

振动筛是依靠激振器使筛面产生高频率振动进行筛分的机械。振动筛（图 3-11）结构上的共同特点是筛箱用弹性支承并带有激振器，在激振器 2 和橡胶弹簧 4 共同作用下，筛体 3 产生高频率振动，筛箱在激振器的作用下，产生圆形（及椭圆形）或直线轨迹的高频振动，物料从料斗 5 喂入后在筛面上进行筛分。

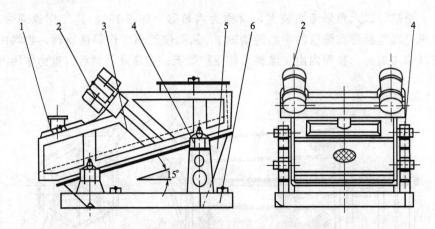

图 3-11　振动筛结构示意图
1—吸尘罩；2—激振器；3—筛体；4—橡胶弹簧；5—料斗；6—基座

振动的目的在于使筛面上颗粒不致卡住筛孔，使物料层松散，细粒更有机会透过料层通过筛孔落下，使物料沿着筛面向前移动同时进行筛分。振动的条件以不致使料粒弹跳出筛面为限。因此，振动筛一般处于小振幅、高频率状态下工作。振幅大致在 0.5～5mm 范围，振动频率为 600～3000min^{-1}，有时可达 3600min^{-1}。有些振动筛由于筛面没有给予物料向前运动的分力，安

装倾角要比摇动筛大，通常在 8°～40°之间，以使物料能在筛分中向前移动。

振动筛与其他筛分机比较具有很高的生产能力和筛分效率，筛分效率高达 60％～90％，最高可达 98％。即使对于黏湿物料，其工作指标也比其他类型的筛机高。这种高频率的运动对提高细物料的筛分效率特别有利，因此使用范围比其他筛机广。筛孔尺寸为 0.25～100mm，不仅可用于粗、中、细颗粒的筛分，而且还可用于脱水和脱泥等分离作业；单位质量的筛分能力大，动力消耗小，结构简单，操作、调整、维修都很方便。

激振器激振的方法可使用不平衡旋转、偏心轴旋转产生的机械力以及电磁的间歇吸力等。因此，振动筛按驱动方式可分为机械振动筛和电磁振动筛两类。机械振动筛又可分为偏心振动筛、惯性振动筛、自定中心振动筛和共振筛等；电磁振动筛有电振筛和概率筛等。

3.2.3.4 预拌砂浆常用分级筛分机及特点

干砂分级筛分机有圆形筛、投影式筛分机和传统的水平式筛分机。

(1) 圆形筛 （图 3-12） 这种设备筛余率大，但废料排放不方便，产量较低，占用空间较大，应用较少。

(2) 投影式筛分机 （图 3-13） 这种筛分机采用概率筛分原理，通过合理选择筛网孔径和筛面倾角，使难筛物料迅速过筛。即使在过载的情况下，筛网由于倾斜设置不会被撕裂，同时根据需要筛网可配制二层、三层、四层，配套于小型、中型预拌砂浆生产工艺。与传统的水平筛分机相比，具有投资低、体积小、工作可靠等优点。

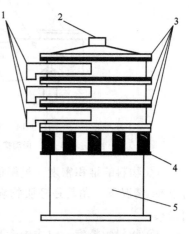

图 3-12　圆形筛结构示意图
1—进料口；2—出料口；3—筛网；
4—弹簧；5—驱动电机

(3) 水平式筛分机 （图 3-14） 这种传统机型占地面积大，造价高，产量较低，应用较少。

3.2.3.5 影响筛分效率的因素分析

影响筛分效率和生产能力的因素很多，主要有以下三个方面。

(1) 物料性质的影响

① 颗粒的形状。球形颗粒容易通过方孔和圆孔筛，条状、片状以及多角形物料难以通过方孔和圆孔筛，但较易通过长方形孔筛。

73

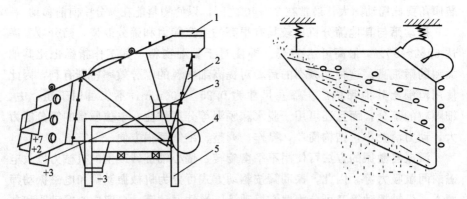

图 3-13　投影式筛分机结构及原理图

1—进料口；2—检修孔；3—出料口；4—振动电机；5—支架

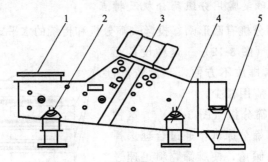

图 3-14　水平式筛分机结构示意图

1—进料口；2—振动橡胶；3—振动电机；4—支架；5—出料口

② 物料的堆积密度。过筛能力与物料的堆积密度成正比，但在堆积密度较小情况下，尤其是轻质物料，由于微粒的飘扬，上述正比关系便不易保持。

③ 物料的粒度。组成中含易筛粒多的物料容易筛分，含难筛粒多的物料则较难筛分。直径为 1～1.5 倍筛孔尺寸的颗粒极易卡在筛孔中，影响细颗粒通过筛孔。直径大于 1.5 倍筛孔尺寸的颗粒形成的料层，对颗粒的过筛影响并不大。因此，把粒度为 1～1.5 倍筛孔尺寸的颗粒称为阻碍粒。物料含难筛粒和阻碍粒愈多，则筛分效率愈低。通常认为物料中最大颗粒不应大于筛孔尺寸的 2.5～4 倍，当物料中筛下粒级含量较少时，可采用筛孔较大的辅助筛网预先排出过粗的粒级，然后对含有大量细级别的物料进行最终筛分，以提高筛分能力。

④ 物料的含水量和含泥量。干法筛分时如果物料含有水分，筛分效率和筛分能力都会降低，特别是在细筛网上筛分时，水分的影响更大。因为物

74

料表面的水分使细粒互相黏结成团，并附着在大颗粒上，这种黏性物料将堵塞筛孔。另外，附着在筛丝上的水分，因表面张力作用，可能形成水膜，把筛孔掩盖起来，也会阻碍物料的分层和通过。应当指出，影响筛分过程的并不是物料所含的全部水分，而只是表面水分，化合水分和吸附水分对筛分并无影响，因此吸水性好的物料允许水分含量可高一些（图 3-15）。

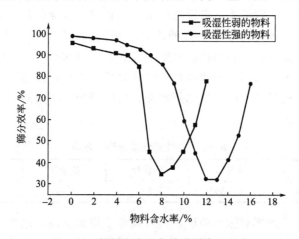

图 3-15　物料含水量与筛分效率的关系

(2) 筛面结构参数及运动特性的影响

① 筛孔形状。不同筛孔形状时物料的通过能力相差较大。一般采用方形筛孔，筛的开孔率较大，筛分效率较高。在选择筛孔形式时，应与物料的形状相适应。对于块状物料应采用正方形筛孔；筛分粒度较小且水分较高的物料宜采用圆孔，以避免方形孔的四角发生颗粒粘连堵塞，而对于条状、片状物料如机制砂应采用长方形筛孔。

② 筛面开孔率。筛孔面积与筛面面积之比称作开孔率。开孔率大的筛，筛分效率和生产能力都较大，但会降低筛面强度和使用寿命。

③ 筛面尺寸及倾角。筛面的宽度主要影响生产力，筛面长度则影响筛分效率。筛面宽度越大，料层厚度越薄；长度越大，筛分时间越长。料层厚度减小和筛分时间加长都有助于提高筛分效率。但是筛面过长，筛分效率提高不多，而筛机构造笨重。筛面的长宽比应在适当的范围内，筛面长宽比过大，筛面上料层厚，细粒难以接近筛面通过筛孔；筛面长宽比过小虽可减小筛面料层厚度，但颗粒在筛面上停留时间短，物料通过筛孔的机会减少，这两种情况都会使筛分效率降低，故筛面长宽比通常取 2.5～3。

将筛子倾斜安装可以提高送料速度，便于排出物料。如果倾角过小，生产能力减小；反之倾角过大，物料沿筛面运动速度过高，物料筛分时间缩短，筛分效率降低。因此，筛子倾角要选择合适。固定筛的倾角一般为40°~45°、振动筛的倾角一般为0°~25°。

④ 筛面运动特性。筛面与物料的相对运动按相对运动方向可分为两种类型：一是颗粒主要垂直筛面运动，如振动筛；另一是颗粒主要平行筛面运动，如筒形筛、摇动筛等。颗粒做垂直筛面运动，物料堵塞筛孔的现象减轻，物料层的松散度增大，离析速度也大，颗粒通过筛孔的概率增大，筛分效率得以提高。各类筛中固定筛的筛分效率最低。回转筛由于筛孔容易堵塞，筛分效率也不高。物料在摇动筛上主要是沿筛面滑动，而且摇动频率比振动筛的频率小，所以筛分效率也较振动筛低。物料在振动筛上以接近于垂直筛孔的方向被抖动，而且振动频率高，所以筛分效率最高。各种筛机的筛分效率见表 3-2。

表 3-2　各种筛分设备筛分效率

类型	固定筛	回转筛	摇动筛	振动筛
筛分效率/%	50~60	60	70~80	90 以上

筛面的运动频率和振动幅度影响到颗粒在筛面上运动速度和细砂的通过率，对筛分效率影响很大。筛分效率主要是依靠振幅与频率的合理调整来得到改善。砂浆企业由于处理的物料粒度较小，筛分时宜用小振幅高频率的振动。

(3) 操作条件的影响

① 给料的均匀性。连续均匀的给料，使单位时间的加料量相同，而且入筛物料沿筛面宽度分布均匀，才能使整个筛面充分发挥作用，有利于提高筛分效率和生产能力。在细筛筛分时，加料的均匀性影响更大。

② 加料量。加料量少则筛面料层厚度薄，这样虽可提高筛分效率，但生产能力降低；而加料量过多则料层过厚，容易堵塞筛孔，增加筛子负荷，不仅降低筛分效率，而且筛下料总量也并不增加。

3.2.4　干砂的输送设备

干砂的输送不同于水泥、石灰粉及工业废弃物粉煤灰，应采用斗式提升机输送或皮带运输机输送。

(1) 斗式提升机　该机在带或链等挠性牵引构件上每隔一定间隙安装若干个钢质料斗，做连续向上输送物料。斗式提升机具有占地面积小、输送能力大、输送高度高（一般为 30~40m，最高可达 80m）、密封性好等特点，因而是干砂的重点输送设备。

(2) 皮带运输机 采用皮带运输机的优点是生产效率高，不受气候的影响，可以连续作业而不易产生故障，维修费用低，只需定期对某些运动件加注润滑油。为了改善环境条件，防止骨料的飞散和雨水混入，可在皮带运输机上安装防护罩壳。

3.3 物料仓储系统

预拌砂浆除骨料（干砂）外，还有水泥、石膏粉、稠化粉、粉煤灰等胶凝材料、掺和料及化学添加剂等辅助物料。由于预拌砂浆的防湿特性，必须把所有的物料储存于密封的筒仓内，并且除特殊外加剂采用手工投料外，其余物料均采用气浮排料系统和螺旋排料系统输送，保证各种物料的精确配料计量。

(1) 密封贮仓 贮仓根据设备配置可以设置成多个相同规格或不同的规格，贮仓一般由钢板焊接而成，但也有利用塑料板制成。向贮仓内送料，可以采用管道气力输送或斗式提升机输送，也可采用螺旋输送机输送。从贮仓向混合机的供料输送一般采用管道气力输送和螺旋输送机输送。为了防止物料在贮仓内部拱塞，贮仓一般都设有不同形式的破拱装置，用以保证连续供料；为了检测贮仓内的储存量，在仓内设置有各种料位指示器；为了消除粉尘污染，采用仓顶收尘器进行除尘。

(2) 气浮式排料系统 气浮式排料系统由均匀安装在料仓锥形底部的浮化片构成，通过压缩空气使物料在浮化片表面形成悬浮层，在重力作用下自由下滑，顺利地流动，这种有效的料仓排料方式几乎适用于所有精细干粉物料。

(3) 螺旋排料系统 螺旋排料系统是通过控制螺旋输送机的螺旋叶片的转动、停止，达到对水泥（粉煤灰）上料的控制。螺旋输送机的特点是输送倾角大（可达 60°），输送能力强，防尘、防潮性能好。为提高输送能力，采用变螺旋输送叶片的形式，在加料区段填充量大，随着螺距变大填充量减小，可有效防止高流动粉状物料在输送时倒流。

3.4 配料计量系统

配料计量是预拌砂浆生产过程中的一项重要工序，直接影响到产品的配比质量。因此精确、高效的配料计量设备和先进的自动化控制手段是生产高质量预拌砂浆的可靠保证。

配料计量系统采用精确的全电子秤和先进的微机控制，并具有落差跟踪、称量误差自动补偿、故障诊断等功能，可靠的送排料系统保证了物料送排时的均匀流畅，以达到精确的计量效果，有效地保证了产品的质量。

3.5 混合搅拌系统

预拌砂浆是在工厂混合制造完成、到建筑现场仅加入水即可以施工的砂浆物料，其制造过程即是物料的混合过程，一条混合生产线，混合是设备的核心，混合设备直接关系着砂浆的生产全过程。

混合机是预拌砂浆生产中最关键的一环，即是砂浆企业的"心脏"。一台好的搅拌机能够达到如下性能：

① 高混合均匀度和效率，可将即使是万分级或十万分级掺量的小料在 3min 左右混合充分和均匀；

② 独具特点的搅拌原理和混合机设计使得在达到混合高质量和高效率的基础上能耗很低；

③ 高速刀片，高效地混合纤维和颜料，使得纤维分散和彩色产品的色差问题得到很好的解决；

④ 生产中更换产品，基本无需清洗混合机，卸料快而干净；

⑤ 整体的耐磨损设计，寿命超长，可靠稳定。

应避免过长的混合时间，以免产生过大的粒级配比而造成质量误差。

3.5.1 混合机种类

粉体混合设备的种类繁多，截至目前中国市场上应用于预拌砂浆的混合设备大致有三种。

(1) 卧式无重力混合机（图 3-16） 卧式无重力混合机筒体 2 内装有双轴旋转反向的桨叶 3，通过传动机构 1 带动机轴 5 和桨叶转动，两混合轴沿相反方向旋转，成一定角度将物料沿轴向、径向循环翻搅，使物料迅速混合均匀。为降低设备易损件的更换成本，桨叶叶片可做成两片式，在叶片基座上垫一块可拆卸小叶片，可直接更换磨损的小叶片，经济快捷。出料一般采用圆弧形气动翻板阀，圆弧阀门紧密嵌入筒内，与筒内壁齐平，无物料堆积和混合死角现象。出料口有大开门小开门之分，大开门开口到筒边，放料干净快捷，残留少。

无重力混合机是充分利用对流混合原理，即利用物料在混合器内的上抛运动形成流动层，产生瞬间失重，使之达到最佳混合效果，故称之为无重力混合机。在失重状态下各物料颗粒大小、相对密度悬殊的差异均被忽略。故不同物料虽存在相对密度、粒径的差异，但在交错布置的搅拌叶片快速剧烈

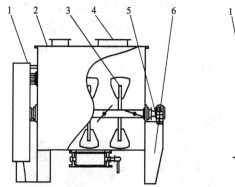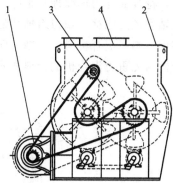

图 3-16　卧式无重力混合机结构示意图

1—传动机构；2—筒体；3—桨叶；4—进料口；5—机轴；6—机架

的翻腾抛洒下，也能达到很好的混合效果。同时激烈的搅拌运动缩短了一次混合的时间，更快速、更高效。物料一方面以一定圆周速度运动，与此同时在具有特定角度的桨叶作用下进行轴向移动，形成随机的最佳运动状态，实现全方位范围混合。

卧式无重力混合机的混合过程具有以下特点：

① 主要为粉体、粒子间的混合；

② 混合时由于物料作高速运动，对物料的晶体有一定程度的破坏；

③ 设备混合时所有物料都处于高速运动状态，动力要求较高；

④ 混合时间是机械混合设备中最短的。

(2) 卧式犁刀混合机（图 3-17）　犁刀混合机结构主要由传动机构 2、卧式筒体 5、犁刀组轴 3、飞刀组 4、出料阀 6 等组成。卧式筒体由钢板卷制而成，犁刀轴的支承座固定在筒体两端的盖板上；犁刀组轴由犁刀、犁刀臂和主轴组成，犁刀用犁刀臂安装在主轴上，并组成哈夫结构，便于拆装；犁刀随主轴旋转使物料沿筒壁作径向圆周湍动，同时径向物料流经飞刀组，被高速旋转的飞刀抛散，不断更叠、复合，物料在较短的时间内达到混合均匀；传动部分包括带电机摆线针轮减速机、联轴器，主要把电机的运动变为需要的速度和扭矩传给刀轴。卧式犁刀混合机的混合空间为卧式圆筒，筒体内有一条带犁刀的卧式轴，在筒体的侧面带大量的高转速飞刀，与主混合轴成 90°，飞刀组由多把飞刀组成，通过副电机直接驱动，安装在筒体侧面，为了防止粉尘进入轴承，飞刀轴常采用多道密封结构；犁刀混合机出料阀装在筒体的底部（连续出料除外），用于关闭和放出物料，其工作是通过手柄和四连杆机构来实现的。卧式犁刀混合机筒体的近圆形结构（弧度经过科学计算，符合混合力学原理）很好地保证了物料在混合机内部的移动轨迹沿旋转主轴作径向漂移。犁刀组独特的结构保证了被混合物料在混合机内部沿轴向移动，犁刀混合机科学的犁刀间距保证了被混合物料强有力的湍动。犁刀混合机与无重力混合机的投料方式相同，均为动态投料。

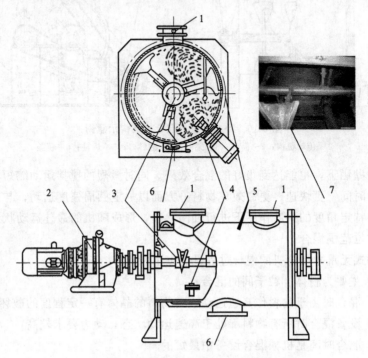

图 3-17　卧式犁刀混合机结构示意图
1—进料口；2—传动机构；3—犁刀组轴；4—飞刀；5—筒体；
6—出料阀；7—混合机内部结构

犁刀式混合机的混合过程有以下特点：

① 主要为粉体、粒子间的混合，混合的物料可以带少量的短纤维；

② 混合时由于飞刀的高速运动，对物料的晶体有很大程度破坏；

③ 同样型号的混合设备主混合动力要求居中，但加入高速飞刀动力，动力要求并不低于卧式无重力混合机；

④ 混合时间居中。

(3) 卧式螺带混合机（图 3-18）　卧式螺带混合机由 U 形机壳 3、螺带搅拌叶片 4 和传动部件等组成，U 形筒体结构保证了被混合物料（粉体、半流体）在筒体内的小阻力运动。正反旋转螺带状叶片安装于同一水平轴上，形成一个低动力高效的混合环境。螺带状叶片一般做成双层或三层，外层螺

80

旋将物料从两侧向中央汇集，内层螺旋将物料从中央向两侧输送，可使物料在流动中形成更多的径向运动，加快了混合速度，提高了混合均匀度。该混合机是消化吸收国内外先进技术最新研制成功的新一代混合搅拌设备，属间歇混合机。采用底卸式大开门排料方式，安全合理的气动控制机构系统，具有适用性广、外形美观、混合过程温和、不产生偏析、均匀度好、性能稳定、物料残留少、维护保养方便等特点，是粉状物料混合加工的理想设备。

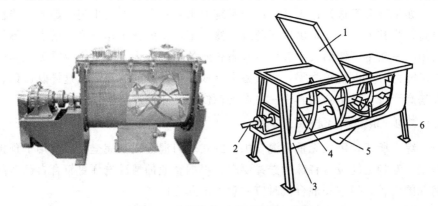

图 3-18 卧式螺带混合机结构示意图

1—机盖；2—轴；3—机壳；4—螺带搅拌叶片；5—出料口；6—机架

螺带混合机的混合过程有以下特点：

① 卧式螺带混合机在混合物料时不受颗粒的大小、密度影响；

② 对有黏性物料亦有很好的混合效果；

③ 平稳的混合过程降低了对易碎物料的破坏，加装飞刀结构亦起破碎作用；

④ 卧式结构较低机身高度，便于安装；

⑤ 正反旋转螺带安装于同一水平轴上，形成一个低动力、高效的混合环境。

3.5.2 混合设备选择

3.5.2.1 如何选择混合设备的产能

在我国预拌砂浆企业受工厂场地、产品运输、物流系统、销售覆盖率等因素的影响，一般生产能力在 $10\sim60t/h$。根据设计要求，间歇式混合系统混合周期一般为 $5\sim12$ 次/小时，混合设备选择一般在 $1\sim5$ 吨/次。

预拌砂浆企业是一种生产型企业，生产的全过程为：材料采购—材料处理—储藏—配料—混合—包装（散装）—成品仓—销售输出，设计构思为一种快速的生产线流程，系统要求各个环节严格匹配。如果一个环节设计过大，其他环节薄弱，则设计过高的环节是浪费。

一般普通砂浆生产线的混合系统混合周期设计为 12 次/小时，混合机选择在 3~10 吨/次。特种砂浆生产线主要要求精、细，根据产品的配料、混合要求，一般设计混合系统的混合周期为 8 次/小时，混合机选择在 1 吨/次。

如果混合机选择过大，生产线系统要求就复杂，系统出现故障的可能性更高，当其中一个设备出现问题或检修，工厂将停止工作。换句话说，不是仅提高一条生产线的大小就可以提高企业的生产能力，如果企业需要更高的生产能力，可以化整为零，将设备设计成多条独立的生产线，这样既保证企业提高产量，又不会在其中一台设备检修时企业停产。

3.5.2.2 混合机选择注意事项

综上所述，卧式无重力混合机、卧式犁刀混合机都完全可以应用于预拌砂浆，互相之间没有特殊的选择要求，根据企业的情况选择更符合自己实际情况的设备。但选择混合机时应注意以下几方面。

① 搅拌时间不能过长，最好在 3~6min 能搅拌均匀。

② 搅拌机应加配由电机直接驱动的高速飞刀，转速应该在 1440r/min 以上，主要用于分散纤维、颜料及打散物料结团。

③ 搅拌叶片搅拌时不能留有搅拌不到的死角。

④ 各密封件功能良好，能够有效防止粉料的飞扬。

⑤ 搅拌机筒体及搅拌叶片均要使用耐磨材料，能达到经久耐用（建议筒体壁厚选择在 8~10mm）。

⑥ 搅拌主轴转速不能过低，应在 60r/min 以上。

⑦ 最好能加配液力耦合器，能有效地保护主电机的使用寿命。

⑧ 卸料时间短，卸料无残留，以免残留物影响到下个批次的配比。

3.6 包装散装系统

成品料可用包装机包装，也可放入专用的散装筒仓或专用散装运输罐车中。

(1) 包装系统 包装系统（图 3-19）主要由截料装置 1、传感器 2、称重夹袋装置 3、电气控制柜 4、螺旋给料机 5、储料仓 6、缝包机 8、皮带输送机 9 等组成，一般采用无级变速控制物料的快慢加料，具有罐装速度快、计量准确等特点。大多数包装机可加装链网输送机、压包机、重量分拣机、长皮带输送机，成为一条包装主线，提高劳动效率。该设备还应配置有收尘器，确保环境无粉尘污染，外形美观，维护方便。

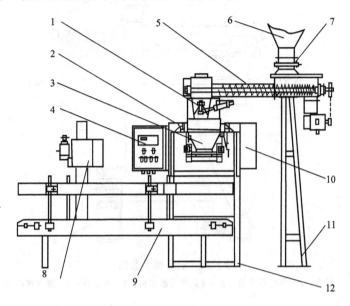

图 3-19　包装机结构示意图

1—截料装置；2—传感器；3—称重夹袋装置；4—电气控制柜；5—螺旋给料机；
6—储料仓；7—检修闸板；8—缝包机；9—皮带输送机；10—电磁阀箱；11，12—支架

(2) 散装系统　散装系统（图 3-20）主要由料仓 1、螺旋输送机 2、自动伸缩散装头 3、称重仓 4 等组成，在散装贮仓下方的自动伸缩的专用散装头，在专用散装运输罐车到位后，散装头自动伸出，进入加料口加料，散装头上配有料位传感器和收尘装置，可自动控制加料量和防止粉尘飞扬。

(3) 推行散装系统的意义

① 散装系统避免了袋装砂浆拆包装时的二次污染，而且密闭的搅拌过程中间无任何粉尘，有利于环境保护和施工运输人员的健康。

② 全部机械化，成倍提高运输和施工效率，大大降低相关人员的劳动强度。装卸散装砂浆，全程一个人就能完成，袋装砂浆包装，装车和卸车人员和时间要远远大于散装。

③ 输送和搅拌整个过程无损失，搅拌机械随开随用。

④ 全天候工作，不用担心天气条件。

⑤ 节约堆放和加工场地。散装罐体在 2.5m×2.5m 面积上可以最大存放 34t 的砂浆，完全密闭，不用任何防雨防潮设备并在下端自带搅拌设备。袋装的砂浆还需要专门的库房来储藏砂浆并需配备专用搅拌设备。

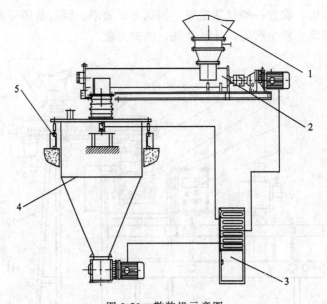

图 3-20　散装机示意图

1—料仓；2—螺旋输送机；3—自动伸缩散装头；4—称重仓；5—称重传感器

⑥ 节省包装费用，降低了成本。袋装砂浆按照每个袋子 1 元计算，每吨可以节约包装材料成本 $1 \times 20 = 20$ 元，其中不包括人工工资。散装只有一个人工人工资。所以包装袋、人工包装和装卸搬运费用，每吨可以节约成本 20 元以上。

所以使用散装砂浆物流施工设备可以大大提高生产效率，降低成本，是未来砂浆大面积推广的基础，也为砂浆更经济，环保和高效的使用提供了保障。袋装砂浆作为某些不具备大规模施工现场搅拌提供了有益补充，体现了灵活快捷。

3.7　收尘系统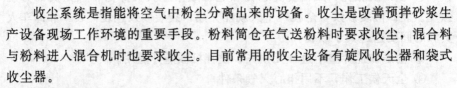

收尘系统是指能将空气中粉尘分离出来的设备。收尘是改善预拌砂浆生产设备现场工作环境的重要手段。粉料筒仓在气送粉料时要求收尘，混合料与粉料进入混合机时也要求收尘。目前常用的收尘设备有旋风收尘器和袋式收尘器。

(1) 旋风收尘器（图 3-21）　旋风收尘器是利用颗粒的离心力而使粉尘与气体分离的一种收尘装置。它常用于粉料筒仓及烘干部分的收尘装置。它是由带有锥型筒 5、外圆筒 3、进气管 1、排气管 2、排灰管 4 及贮灰箱等组成的收尘设备。旋风收尘器结构简单、性能好、造价低、维护容易，但收尘效率一般只能达到 90%，因而只能作为收尘系统的初级部件应用。

(2) 袋式收尘器 袋式收尘器是一种利用天然纤维或无机纤维作过滤布，将气体中的粉尘过滤出来的净化设备。因为滤布都做成袋形，所以一般称为袋式收尘器。袋式收尘器常用于混合粉尘源的收尘。这种方式在安装初期效果显著，但时间一长，袋壁上积尘不予清理，则除尘效果就差，所以预拌砂浆生产设备的收尘器要定期清理积尘，具有这种功能的常用袋式收尘器为负压圆筒形袋式收尘器和机械振打式袋式收尘器。

① 负压圆筒形袋式收尘器（图 3-22）。主要由脉冲阀 1、切换阀 2、灰斗 3、下料口蝶阀 4、吹灰管 5、滤袋 6、箱体 7、收尘风机及控制器等组成，该机进气口连接混合机或其他有粉尘源的部件，在控制系统的控制下切换阀 2 间歇工作，将粉尘收入滤芯外壁（此时切换阀处于常开状态），然后通过脉冲阀 1 控制高压空气程序，同时暂时关闭切换阀 2，通过吹灰管 5 循环反吹滤袋，将粉尘压出，落入下部灰斗 3 内。该机结构简单，收尘率高，能耗低。

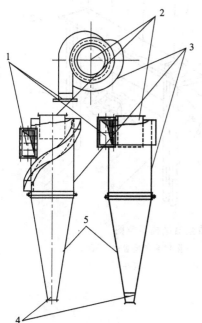 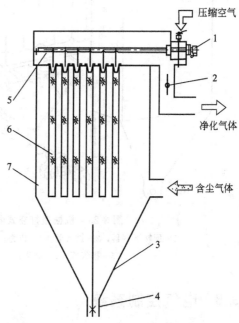

图 3-21　旋风收尘器结构示意图　　　图 3-22　负压圆筒形袋式收尘器结构示意图

1—进气管；2—排气管；　　　　　　1—脉冲阀；2—切换阀；3—灰斗；4—下料口蝶阀；

3—外圆筒；4—排灰管；5—锥形筒　　　5—吹灰管；6—滤袋；7—箱体

② 机械振打袋式收尘器（图 3-23）。主要由回转下料器 1、进气管 2、振打清灰装置 4（该装置设在顶部，通过摇杆、振打杆和框架，在收尘器的中部振打滤袋达到清灰的目的）、排气管 6、滤袋 7、灰斗 9、过滤室及螺旋输送机等部分组成。振打袋式收尘器结构简单，故障少，维修容易，已成为我国袋式收尘器定型产品之一。

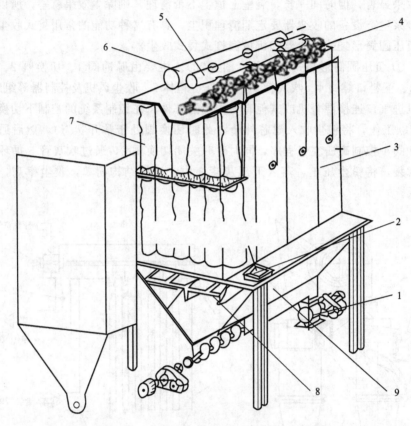

图 3-23 机械振打袋式收尘器结构示意图

1—回转下料器；2—进气管；3—机壳；4—振打清灰装置；5—回风管；

6—排气管；7—滤袋；8—隔风板；9—灰斗

3.8 电气控制系统

电气控制系统采用先进的可编程序控制器（PLC）和 PC 控制方式，可完美处理配料、称重和混合等整个生产工艺流程的自动控制，具有配方、记录和统计显示及数据库的 PC 监测控制功能，有客户服务器数据库的系统扩展及网络功能。在多点安全监视系统的辅助下，操作人员在控制室内就可了解整体生产线的重点工作部位情况。可提供能控制预拌砂浆生产设备中的所有基础管理模块，从订单接收到时序安排到开具发货单。界面模拟显示预拌砂浆生产线的整个动态工艺流程，操作直观、简单、方便。

3.9 物流输送系统

预拌砂浆的成品料有袋装和散装两种形式，袋装的预拌砂浆可用普通卡车直接运送到工地使用，散装的预拌砂浆必须使用专用的散装筒仓或散装运输罐车运送。散装筒仓必须使用专用的背罐车运送到工地，直接放在工地上使用，散装运输罐车运送的散装预拌砂浆运送到工地后采用随车气送装置送入工地自备的散装储存仓储存使用，但运输罐车必须使用具有防离析装置的散装预拌砂浆专用运输罐车，否则将严重影响预拌砂浆及施工质量。

3.9.1 预拌砂浆物流系统及作业流程

3.9.1.1 袋装砂浆的构成和作业方式

构成：主要由砂浆包装机、砂浆运输车辆、移动搅拌器及喷浆泵送等施工机具组成。

作业方式：生产好的商品砂浆通过包装机打包成袋，然后通过普通的运输车辆送往工地，在工地现场拆包并利用移动搅拌器加水进行搅拌，同时配合喷浆设备进行机械化喷涂作业。

3.9.1.2 散装砂浆的构成和作业方式

构成：主要由散装预拌砂浆运输车，散装预拌砂浆储罐和连续搅拌机，散装预拌砂浆储罐运输车（背罐车）以及喷浆泵送等施工机具组成，如图3-24所示。

图 3-24　散装预拌砂浆储运设备

作业方式：首先由背罐车将储罐运输到施工工地，然后散装预拌砂浆运输车在砂浆厂散装口装料，开至工地将散装预拌砂浆输送至储罐，最后利用连续搅拌器进行加水搅拌，同时配合喷浆设备进行机械化喷涂作业。

图 3-25 为散装预拌砂浆物流系统运作流程图。

图 3-25　散装预拌砂浆物流系统运作流程图

3.9.2　预拌砂浆运输车与普通散装水泥运输车的区别

目前，国内对于预拌砂浆的运输大致采用两种方式：一种是在普通散装水泥运输车上加大出料口后改制而成，这是预拌砂浆发展初期的一种替代进口的产品；另一种是学习欧洲现有的预拌砂浆运输车技术上消化吸收研制而成的产品，它是预拌砂浆物流发展的必然趋势。下面就这两种不同结构产品做一下简单的对比。图 3-26 和图 3-27 分别为国内、外的预拌砂浆运输车。

（1）离析问题　传统的运输车是为解决粉状物料的散装运输而研制的。它的结构特点：卧式流化床式气体卸料。它的工作原理：通过取力器和传动轴将汽车底盘的动力传递给空压机，空压机产生的压缩空气经管道进入罐体底部汽化室内，与水泥混合成流态后沿卸灰管输出。由于预拌砂浆由许多种大小、密度不同颗粒组成，容易形成分层，特别是卸料至 1/3 后，由于压缩空气在整个罐体的底部大面积、长时间的搅动预拌砂浆，造成物料本身之间，大面积、长时间的颗粒相互摩擦，极易产生离析，降低预拌砂浆的质量，而且耗气量大、剩灰率高。这样在预拌砂浆的散装运输过程中存在一定

图 3-26   国内研制的预拌砂浆运输车

图 3-27   国外使用的预拌砂浆运输车

的离析状况。

预拌砂浆运输车是基于颗粒状物料与粉状物料混合物的散装运输而研制的。它的结构特点：液压举升气悬浮锥体料仓卸料系统。它的卸料原理是：卸料时利用液压举升缸将罐体举起，物料呈山体滑坡态势，气浮式卸料原理只是在锥体局部范围内，通过吹入压缩空气在卸料口形成气垫，使浮化后的物料经管道均匀、平稳、快速卸料，避免产生物料本身之间的颗粒相互摩擦和大面积、长时间的搅动产生离析，空压机产生的压缩气体通过管道进入罐体尾部"奶嘴"式小气室，形成"气刀"，将尾部物料逐层排出，不影响物料结构，并形成二次混料。耗气量小，剩灰率低。

由于以上特点，预拌砂浆运输车有效地解决了预拌砂浆卸料过程中的离析问题，对于普通砂浆和特种砂浆以及干砂的散装运输都可以轻松完成。

(2) 余料清理方式问题   根据国外对预拌砂浆的运输要求，在每次运输卸料后，必须快速排尽剩余料，以避免运输不同品种的预拌砂浆造成混料。预拌砂浆运输车配置了专用卸料装置，实现了快速清理余料，有效地解决了每车运输余料不能清除而造成的混料问题，保证了预拌砂浆的质量。由于散装水泥运输车仅运输粉状物料，不易离析，且品种通常不会经常更换，不同品种水泥混料虽有影响但并不严重，故对余料清理要求可适度放宽。

(3) 运输介质的不同　散装水泥车适用于粉煤灰、水泥、石灰粉、矿石粉等颗粒直径不大于0.1mm粉粒干燥物料的运输和气压卸料；而预拌砂浆运输车的用途更加广泛，在运输空闲时间可以运输其他颗粒状和粉状生产原料。同时也可以用于高温（120～150℃）颗粒、粉粒物料的运输。

(4) 预拌砂浆散装运输车的特点

① 预拌砂浆运输车采用全封闭运输，整个物流过程清洁、环保、节能、高效。

② 卸料速度快，每分钟1.6t，缩短了卸料时间，提高了运输效率。

③ 剩余率低，一般为万分之二，接近于零，节省材料。

④ 为了满足国内对预拌砂浆技术质量管理规范的要求，预拌砂浆运输车配置了专用的取样装置，为确保实时监控和检测预拌砂浆的质量提供了保障。

⑤ 预拌砂浆车底盘可选装空气悬架系统，对路况不好、长距离运输中容易产生的离析问题，也能有效地控制。

3.10　投资分析

3.10.1　散装成本分析（一年生产）

假设设计生产能力为20万吨/年的生产线，其散装率为80％，一年中生产运输的散装砂浆为16万吨，一年中除去有4个月的时间为淡季或是停工期（北方过冬），一年8个月连续正常使用，那么平均每个月的销售量为2万吨，每天大约为667t，按照每个储罐搅拌量30吨/天和每辆车运输砂浆180吨/天，那么22个储罐和4辆车子就可以满足要求。但储罐不能完全在理想状态下使用，故需增加8个储罐作为备用来调配。共需30个储罐和4辆车子，按照现在市场价格，散装砂浆物流总投资在300万左右。

按照储罐和车辆5年的使用寿命折算，所有储罐设备平摊在每吨砂浆上实际增加成本为1.8元/吨（150万元/16万吨/5年＝1.8元），所有车辆投资平摊在每吨砂浆上实际增加成本为1.8元/吨（150万元/16万吨/5年＝1.8元），整体增加成本为3.6元/吨。按照储罐和车辆8年的使用寿命折算，所有储罐平摊在每吨砂浆上增加的成本在 1.1 元/吨（150 万元/16 万吨/8 年＝1.1 元），所有车辆平摊在每吨砂浆上增加的成本为 1.1 元钱（150 万元/16 万吨/8 年＝1.1 元），整体增加成本为 2.2 元/吨。

3.10.2　袋装成本分析（一年生产）

假设设计生产能力为 20 万吨/年的生产线，其散装率为 80％，一年中生产运输的袋装砂浆为 4 万吨，一年中除去有 4 个月的时间为淡季或是停工期（北方过冬），一年 8 个月连续正常使用，那么平均每个月的销售量为 5000t，每天大约为 167t，按照每台包装机 50 吨/天和每辆车运输砂浆 180 吨/天，那么 3 台包装机和 1 辆车子就可以满足要求。另外包装 4 万吨砂浆需要包装袋 80 万个，按照目前包装袋 1 元/个，需包装袋 80 万元，袋装砂浆物流总投资在 120 万左右。

按照包装机和车辆 5 年的使用寿命折算，袋装砂浆设备平摊在每吨砂浆上实际增加成本为 2 元/吨（40 万元/4 万吨/5 年＝2 元），整体增加成本 22 元/吨（其中包装袋 20 元/吨），按照包装机和车辆 8 年的使用寿命折算，平摊在每吨砂浆上增加的成本在 1.25 元/吨（40 万元/4 万吨/8 年＝1.1 元），整体增加成本为 21.25 元/吨（其中包装袋 20 元/吨）。

综上所述，散装砂浆在未来的产品结构中应当占主要地位并能够为企业带来更多的利润。

参 考 文 献

[1] 吴漫天. 一种适应多品种干粉砂浆材料的生产线. 新型建筑材料，2009，2：31-33.
[2] 吴漫天. 高性能特种干粉砂浆生产线 MTA500. 新型建筑材料，2009，6：55-56.

4 普通预拌砂浆配合比设计

所谓普通预拌砂浆配合比设计，就是根据工程技术需求、环境条件和施工要求确定预拌砂浆单位体积中的胶凝材料、掺合料、砂、外加剂和拌合水等各组成材料的质量比例。预拌砂浆主要由五组分组成，每一组分的变化都会影响预拌砂浆的配合比。虽然预拌砂浆自 20 世纪 50 年代就在欧洲使用，但目前还没有一种统一的普通预拌砂浆配合比设计方法。这主要是因为预拌砂浆的基本组分随着时间、地点的变化而变化，从而影响预拌砂浆的基本配合比。本章主要介绍预拌砂浆配比设计的原则、方法和相关注意事项，以指导不同地区预拌砂浆企业的生产配合比设计，促进预拌砂浆行业的发展。

4.1 预拌砂浆配合比设计的基本原则

预拌砂浆的生产，其目的是为了工程应用。如何配制出符合工程需求的预拌砂浆，首先应考虑预拌砂浆的力学性能和耐久性能应满足工程应用要求，其次预拌砂浆良好的施工性能（预拌砂浆和易性）是实现预拌砂浆力学性能和耐久性能的重要保证。在满足预拌砂浆施工性能、力学性能和耐久性能的情况下，预拌砂浆的成本是施工方必须面临的经济指标。因此要配制出满足市场需求的预拌砂浆，必须综合考虑预拌砂浆的施工性能、力学性能、耐久性能和经济性能。

4.1.1 力学性能和耐久性能

4.1.1.1 预拌砂浆力学性能

满足工程力学性能的需要是预拌砂浆配合比设计的基本任务。一般预拌砂浆的强度根据实际工程需要确定，具体考虑工程部位的受力情况、重要性、所处环境特点和尺寸（体积）等。

根据工程需求，可以确定所需预拌砂浆的强度等级。强度是预拌砂浆所有性能中最重要的性能之一，通常反映预拌砂浆的整体质量，其影响因素比较多，除原材料组成外，水灰比、灰砂比、养护条件、龄期、施工工艺等都有一定的影响。

预拌砂浆的强度，与其铺设底层的吸水性有关。当基底为多孔吸水材料时，由于基底迅速而大量地吸取砂浆中的水分，使调制的砂浆与其水灰比不一样，但最后，砂浆硬化时所保留的水分基本上相同，故预拌砂浆强度与水灰比的关系不像混凝土那样直接。预拌砂浆的强度只与胶结料的用量及强度有关。一般水泥砂浆的强度可由下列公式来表示：

$$R_m = \frac{KR_cC}{1000} \qquad (4\text{-}1)$$

式中 R_c——水泥标号；

  C——砂浆中水泥用量，kg/m^3；

  K——系数，一般在 0.7～0.99 之间。

4.1.1.2 预拌砂浆耐久性能

一般建设工程设计时，其使用寿命一般在 50 年以上。为了保证建筑工程拥有足够的使用寿命，除了考虑材料的强度，更需要考虑材料的耐久性能。而预拌砂浆作为建筑工程中重要的建筑材料之一，其耐久性能也不容忽视。根据建筑材料使用时所处的环境类别，主要有碳化破坏、氯盐侵蚀、化学侵蚀环境、冻融破坏环境和磨损环境等常见环境破坏。针对这几类环境破坏，相对应的预拌砂浆耐久性能指标有抗渗性、抗碳化性、抗侵蚀性、抗冻性、抗压疲劳强度等。其中抗渗性和抗冻性是普通预拌砂浆最重要的耐久性能指标。

影响预拌砂浆抗渗性的因素主要有水胶比、集料的最大粒径、水泥品种、外加剂、矿物掺合料等，其中水胶比是决定性因素。水胶比越大，预拌砂浆的抗渗性越差。

影响预拌砂浆抗冻性的主要因素有骨料、水胶比、水泥用量、外加剂等，其中水泥用量少和水胶比大的预拌砂浆抗冻性差，引气剂能显著改善预拌砂浆的抗渗性。

4.1.2 良好的施工性能

砂浆的施工性能是评价砂浆性能的重要指标。施工性能良好的砂浆容易在粗糙的砖石面上铺设成均匀的薄层，而且能和底面紧密黏结，既便于施工，使工人省力、劳动生产率高，又能提高墙体质量。砂浆的工作性主要是指流动性（稠度）和保水性。

流动性是指砂浆的稠度，一定的流动性可以使砂浆易于涂抹成型，尤其在基层不平整时，能充分填满墙体缝隙而不流失。砂浆的流动性与用水量多少、胶结材的用量和种类、砂子粗细及表面情况、空隙率以及搅拌时间有关。

保水性表示砂浆保持水分的能力。新拌砂浆在运输和使用过程中，必须保持水分不致很快流失。保水性不好的砂浆在使用过程中容易离析、泌水，铺砌在多孔的砖石底面上水分容易被吸收。这样，砂浆变得干稠，不但影响砂浆铺砌、正常硬化及底面的黏结力，而且会降低砂浆的强度。保水性可用保水率来表示。

影响预拌砂浆施工性能的因素主要有单位用水量、水胶比、水泥浆数量、时间和温度以及水泥种类、砂子级配、外加剂、矿物掺合料等。其中，预拌砂浆稠度与单位用水量成正比关系，即单位用水量增大，其稠度也增大。适当增加单位用水量，可改善预拌砂浆的流动性，利于施工；但单位用水量过大时，会导致严重的分层、离析，严重降低预拌砂浆的强度和耐久性。

在水泥、骨料用量均不变的情况下，水灰比增大，预拌砂浆拌和物流动性增加，反之则减少。水灰比过小，水泥浆体干稠，预拌砂浆流动性偏低。水灰比过大，会造成预拌砂浆离析分层和保水性不良。

砂的颗粒级配对预拌砂浆的工作性能有重要影响。砂中的粗颗粒较多时，容易使砂浆产生泌水、分层等现象。砂中细颗粒居多时，虽然在一定程度上提高预拌砂浆的保水性能，不宜分层。但过多的细砂会增加砂的比表面积，增加砂浆用水量，降低砂浆强度，容易导致砂浆开裂。

水泥浆体数量在水灰比不变的情况下，是影响预拌砂浆和易性的重要因素。单位体积拌合物内，如果水泥浆多，则拌合物流动性大。当水泥浆过少时，将无法填充骨料之间的间隙与包裹骨料颗粒表面，无法保证必要的流动性，使预拌砂浆施工性能变差。

保水增稠外加剂的使用能够有效地改善预拌砂浆的施工性能。随着保水增稠外加剂掺量的增加，预拌砂浆的保水性能和稠度得到改善。但是过多的保水增稠外加剂的使用，会使预拌砂浆的强度有所下降。

4.1.3　经济性

在预拌砂浆施工性能、力学性能和耐久性能均符合相关标准的情况下，预拌砂浆的经济性显得尤为重要。影响预拌砂浆成本的因素有很多，而预拌砂浆配合比是一个关键因素。预拌砂浆配合比的经济性表现在两个方面。

一方面，通过控制原材料用量，降低预拌砂浆成本。预拌砂浆生产的成本费用包括材料、设备和人力。在材料成本中，外加剂价格最高，水泥的价格远高于砂子，控制外加剂掺量、节省水泥是控制材料成本的最有效措施，基本手段是提高外加剂与水泥的适应性，减少外加剂掺量，提高掺合料用量、采用良好颗粒级配的粗骨料等以减少水泥用量。

另外，预拌砂浆生产的成本费用又与强度要求有直接的关系，为保证预拌砂浆有很高的均匀性，强度的变化值应控制在很小的范围内，这就需要在配合比设计时，确定预拌砂浆最高和最低强度。预拌砂浆现场施工的人力投入及费用还受到预拌砂浆施工性能的影响。为此，在满足砂浆和易性的前提下，预拌砂浆配合比应具有最小的单位用水量，控制合理的砂浆稠度，以期用尽可能少的水泥，获得较高的强度效率。

另一方面，是长远的经济效益和整体的经济效益，如耐久性好、维护费用少、使用中能耗低等。其中，耐久性是最重要的指标，因为较长的使用寿命是建筑施工方节约成本最有效的手段。

4.2 预拌砂浆配合比设计计算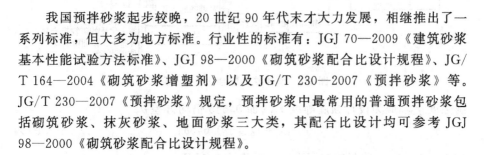

我国预拌砂浆起步较晚，20 世纪 90 年代末才大力发展，相继推出了一系列标准，但大多为地方标准。行业性的标准有：JGJ 70—2009《建筑砂浆基本性能试验方法标准》、JGJ 98—2000《砌筑砂浆配合比设计规程》、JG/T 164—2004《砌筑砂浆增塑剂》以及 JG/T 230—2007《预拌砂浆》等。JG/T 230—2007《预拌砂浆》规定，预拌砂浆中最常用的普通预拌砂浆包括砌筑砂浆、抹灰砂浆、地面砂浆三大类，其配合比设计均可参考 JGJ 98—2000《砌筑砂浆配合比设计规程》。

4.2.1 预拌砂浆配合比设计方法

4.2.1.1 预拌砂浆配合比设计思路

预拌砂浆配合比就是根据预拌砂浆设计的强度等级、砂浆所应用的工程特征、胶凝材料的品种及强度等级以及砂浆各组分原材料的性能进行计算和试配。具体设计思路如图 4-1 所示。

4.2.1.2 预拌砂浆配合比设计步骤

目前预拌砂浆中单纯采用水泥和砂，或者水泥、砂和保水增稠剂的配合比几乎没有，一般预拌砂浆的组成原材料为水泥、掺合料、保水增稠剂和砂子，其中掺合料使用较多的为粉煤灰。由此，本章以水泥、粉煤灰、保水增稠剂和砂子为主要组分，依据 JGJ 98—2000《砌筑砂浆配合比设计规程》中的设计方法进行预拌砂浆配合比设计，具体设计步骤如下。

(1) 砂浆配制强度确定 $f_{m,o}$ 为满足保证率为 95% 的要求，砂浆的配

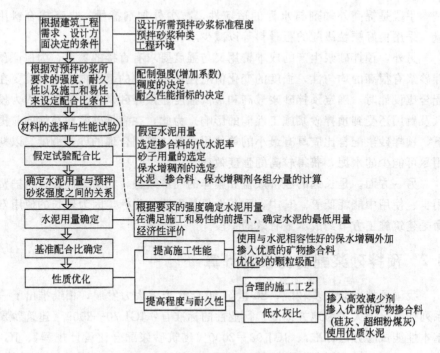

图 4-1 预拌砂浆配合比设计思路

制强度 $f_{m,o}$ 应为设计强度等级 $f_{m,k}$ 加 0.645 倍均方差 σ。

$$f_{m,o} = f_{m,k} + 0.645\sigma \tag{4-2}$$

式中 $f_{m,o}$——砂浆的试配强度，精确至 0.1MPa；

  $f_{m,k}$——砂浆设计强度等级，精确至 0.1MPa；

   σ——砂浆现场强度标准差，精确至 0.01MPa。

其中的 σ 具有统计资料时，应根据式（4-3）进行计算：

$$\sigma = \sqrt{\frac{\sum_{i=1}^{n} f_{m,i}^2 - n u_{f,m}^2}{n-1}} \tag{4-3}$$

式中 $f_{m,i}^2$——统计周期内统一品种砂浆第 i 组试件的强度，MPa；

  $u_{f,m}$——统计周期内统一品种砂浆 n 组试件的平均强度，MPa；

   n——统计周期内统一品种砂浆试件的总组数，$n \geq 25$。

当不具有近期统计资料时，砂浆配制的强度标准差可按表 4-1 选取，但对于强度在 20MPa 以上的砂浆，其 σ 以统计资料或者是通过实际试验数据为准。

96

表 4-1　砂浆强度标准差 σ 选用值　　　　　　单位：MPa

施工水平	砂浆强度等级					
	M2.5	M5	M7.5	M10	M15	M20
优良	0.50	1.00	1.50	2.00	3.00	4.00
一般	0.62	1.25	1.88	2.50	3.75	5.00
较差	0.75	1.50	2.25	3.00	4.50	5.00

(2) 计算基准混合砂浆的水泥用量 Q_{c0}

$$Q_{c0} = \frac{1000 \times (f_{m,o} - \beta)}{\alpha f_{ce}} \qquad (4\text{-}4)$$

式中　Q_{c0}——每立方砂浆的水泥用量，精确至 $1kg/m^3$；

　　　$f_{m,o}$——砂浆的试配强度，精确至 0.1MPa；

　　　f_{ce}——水泥的实测强度，精确至 0.1MPa；

　　　α，β——砂浆的特征系数，其中 $\alpha = 3.03$、$\beta = -15.09$。

注：① 各地区也可用本地区的试验资料确定 α、β 值，统计用的试验组数不得少于 30 组。

② 无法取得水泥的实测强度时，可按下式进行计算：

$$f_{ce} = \gamma_c f_{ce,k} \qquad (4\text{-}5)$$

式中　$f_{ce,k}$——水泥强度等级对应的 28d 抗压强度最低值；

　　　γ_c——水泥强度等级值的富余系数，该值应按实际统计资料确定，无统计资料时可取 1.0。

(3) 计算保水增稠剂的用量 Q_t　目前国内干粉砂浆保水增稠剂主要可以分为纤维素醚类、高吸附性层状硅酸盐类（膨润土、偏高岭土等）、石灰膏类和其他无机有机复合类。石灰膏类外加剂因为其污染成本较高和质量较难控制已基本淘汰，一般选用纤维素醚类、高吸附性层状硅酸盐类膨润土、偏高岭土等和有机无机复合的稠化粉等。

预拌砂浆中保水增稠剂的用量，应根据预拌砂浆的保水率确定。具体参考标准 JG/T 230—2007《预拌砂浆》，预拌砂浆保水率大于 88%。一般通过 JGJ/T 70—2009《建筑砂浆基本性能试验方法标准》试验规程中保水性试验方法，根据试验数据确定预拌砂浆保水率达到 88% 时的保水增稠剂的用量 Q_t。但在配合比设计过程中，可根据保水增稠剂供应商提供的参考数据确定一定的用量 Q_t。

(4) 选择取代水泥率 β_m 和超量系数 δ_m　取代水泥率指基准砂浆中的水泥被粉煤灰取代的百分率，超量系数指粉煤灰掺入量与其取代水泥量的比值。取代水泥率和超量系数可根据预拌砂浆设计强度等级和使用要求以及粉煤灰的等级参考表 4-2 的推荐值选用，一般预拌砂浆强度越高，粉煤灰取代率越低。

表 4-2　砂浆中粉煤灰取代水泥率及超量系数

砂浆品种		砂浆强度等级				
		M1.0	M2.5	M5.0	M7.5	M10.0
水泥砂浆	β_m/%	—	25~40	20~30	15~25	10~25
	δ_m		1.3~2.0		1.2~1.7	

(5) 计算粉煤灰水泥砂浆中的水泥用量 Q_c　粉煤灰用量的确定以砂浆基准水泥用量为基础，根据粉煤灰取代水泥率由下式求出每立方米砂浆中水泥的用量：

$$Q_c = Q_{c0}（1 - \beta_m）\qquad(4\text{-}6)$$

式中　Q_c——掺粉煤灰后 $1m^3$ 砂浆中的水泥用量；

Q_{c0}——$1m^3$ 基准砂浆的水泥用量；

β_m——粉煤灰取代水泥率。

(6) 计算粉煤灰用量 Q_f　由于粉煤灰不具有自身水化硬化特性，只能在有活性激发剂（如硅酸盐水泥等）作用下，才能具有强度。因此，粉煤灰一般采用"超量"取代水泥方式保证砂浆强度达标。粉煤灰超量系数见表4-2。

(7) 计算粉煤灰超出所取代水泥的体积 ΔV

$$\Delta V = \frac{Q_c}{\rho_c} + \frac{Q_f}{\rho_f} - \frac{Q_{c0}}{\rho_c}\qquad(4\text{-}7)$$

式中　ρ_c——水泥密度，kg/m^3；

ρ_f——粉煤灰密度，kg/m^3。

(8) 计算粉煤灰水泥砂浆中的砂用量 Q_s

$$Q_s = Q_{s0} - \Delta V \rho_s\qquad(4\text{-}8)$$

式中　Q_{s0}——$1m^3$ 砂的堆积密度值，kg/m^3；

ρ_s——砂的表现密度，kg/m^3。

(9) 通过试拌，根据不同品种预拌砂浆要求确定用水量 Q_w

(10) 配合比的试配和校核

① 和易性校核。根据工程实际使用的材料，按设计配合比试拌砂浆，测定新拌砂浆的稠度和保水率。当不能满足 JG/T 230—2007《预拌砂浆》技术要求时，应调整材料用量。例如保水率不足 88% 时，应适当增加保水增稠剂的用量。通过对材料的调整，直至新拌砂浆的和易性满足技术要求，这时的配合比为基准配合比。

② 强度校核。水泥用量和粉煤灰取代水泥率都会影响粉煤灰砂浆的强

度。一般为了在短时间内进行强度校核，在试配时至少采用三个不同的配合比。其中一个为基准配合比，另外两个配合比的水泥用量按基准配合比分别增减10%。在保证稠度、保水率合格的条件下，适当的调整其用水量和掺合料（粉煤灰）的用量。根据这三个配合比，按照JGJ/T 70—2009《建筑砂浆基本性能试验方法标准》试验规程中立方体强度试验方法测试28d砂浆抗压强度，选择强度符合设计要求且水泥用量最低的配合比为预拌砂浆的施工配合比。

4.2.2 常用普通预拌砂浆配合比实例

(1) 普通预拌水泥砂浆配合比　根据上述预拌砂浆配合比设计步骤，编者根据常州地区的原材料情况进行了试配，所用水泥为江苏扬子水泥厂生产的42.5级和52.5级水泥；粉煤灰为中国国电集团谏壁发电厂的Ⅱ级灰；保水增稠剂为常州市弘正建材有限公司生产的HZ-P型高效保水稠化粉；砂为中砂，细度模数为2.3，堆积密度为1560kg/m³。不同标号预拌砂浆配合比见表4-3。

表4-3　不同标号预拌砂浆配合比

序号	系列	42.5级水泥/kg	52.5级水泥/kg	粉煤灰/kg	保水增稠剂/kg	砂/kg	稠度控制范围/mm	水料比	稠度/mm	保水率/%	7d强度/MPa	28d强度/MPa
1	DMM5.0	210	—	30	60	1560	80±10	0.165	87	94.8	4.32	7.4
2	DMM7.5	240	—	30	60	1560	80±10	0.16	90	93.8	5.18	9.95
3	DMM10	270	—	30	60	1560	80±10	0.15	76	94.5	7.76	13.05
4	DMM15	350	—	30	52	1560	80±10	0.145	76	93.5	11.29	17.55
5	DMM20	—	500	50	48	1460	80±10	0.15	90	93.3	16.93	23.61
6	DMM25	—	550	50	48	1360	80±10	0.158	84	93	24.66	29.25
7	DMM30	—	600	50	38	1360	80±10	0.16	74	93.2	26.45	33.83
8	DPM5.0	240	—	30	60	1560	100±10	0.169	110	91.4	4.18	8
9	DPM7.5	270	—	30	60	1560	100±10	0.176	101	87.7	5.92	9.54
10	DPM10	350	—	30	52	1560	100±10	0.17	99	93.2	9.33	16.4
11	DPM15	400	—	30	48	1360	100±10	0.166	105	90	11.22	21.08
12	DPM20	—	500	30	60	1360	100±10	0.17	98	89.1	17.73	23.51
13	DSM15	350	—	30	60	1560	45±5	0.129	51	93.2	13.03	18.92
14	DSM20	400	—	30	52	1560	45±5	0.129	46	95.1	16.63	23.81
15	DSM25	—	450	30	48	1360	45±5	0.129	51	93.7	23.87	31.1

(2) 粉刷石膏预拌砂浆配合比　参照普通预拌水泥砂浆配合比设计，根据JC/T 517—2004《粉刷石膏》技术要求，对粉刷石膏预拌砂浆进行了配合比设计。所用建筑石膏来自江苏苏州；石膏缓凝剂为苏州兴邦化工生产的

石膏专用缓凝剂；保水剂为赫克力士生产的甲基纤维素醚；PVA 为河南天盛生产；碳酸钙为 400 目，产自江苏宜兴。砂为烘干黄砂，堆积密度为 1420kg/m³。粉刷石膏预拌砂浆具体配合比见表 4-4。

表 4-4　粉刷石膏预拌砂浆配合比

种类	序号	配合比设计/kg						用水量/kg	保水率/%	初凝时间	终凝时间	可操作时间	3d 绝干强度/MPa		
		建筑石膏	缓凝剂	MC	PVA	砂	碳酸钙						抗折强度	抗压强度	黏结强度
底层	1	250	1.13	1.5	0.8	750	—	194	96.5	2h20min	3h50min	1h50min	2.45	5.47	0.44
底层	2	286	1.29	1.72	0.8	714	—	212	97.3	2h35min	4h15min	2h5min	3.02	10.01	0.6
面层	3	500	2.3	3	0.8	—	500	332	97.6	2h5min	3h45min	1h55min	4.68	18.85	0.71
面层	4	1000	4.5	6	0.8	—	—	432	98.2	2h25min	4h25min	2h15min	3.05	24.3	0.75

4.2.3　夏、冬季施工条件下，普通预拌砂浆配合比设计思路

4.2.3.1　普通预拌砂浆夏季施工配合比设计

夏季炎热地区、高温环境施工，预拌砂浆应用将会受到高温影响。

一方面，在日平均气温超过 25℃ 或最高气温在 30℃ 以上环境施工，由于温度高水化反应加速，砂浆流动性损失快，水分容易蒸发，砂浆凝结时间缩短，因此容易造成施工困难、砂浆产生裂缝、不均匀等缺陷。例如砂浆温度每升高 10℃，砂浆相应的用水量增加，会导致砂浆强度下降。

另一方面，预拌砂浆所用保水增稠剂多数为纤维素醚，纤维素醚在高温条件下，黏度下降，保水性能下降，加速砂浆水分的流失，使砂浆的黏结力下降，导致开裂、空鼓现象的产生。

针对夏季施工的特点，对用于夏季的预拌砂浆，应在配合比设计中考虑气温升高带来的不利影响。主要从提高预拌砂浆保水性和改善砂浆凝结时间角度来解决夏季施工的问题。

针对保水性的不足，可以适当提高保水增稠剂的掺量，或者将有机类保水增稠剂更换成高吸附性层状硅酸盐类保水增稠剂，以提高砂浆保水率来减少因高温而带来的水分挥发问题。

对于施工性能的影响，可在砂浆中选用合适的缓凝剂，以延长砂浆施工的开放时间。鉴于预拌砂浆特点，应选用粉状缓凝剂。一般可在预拌砂浆中选用以下几类缓凝剂：

① 糖类，糖钙、葡萄糖酸盐等；

② 木质素磺酸盐类，木质素磺酸钙、木质素磺酸钠等；

③ 羟基羧酸及其盐类，柠檬酸、酒石酸钾钠等；

④ 无机盐类，锌盐、磷酸盐等；

⑤ 其他胺盐及其衍生物、纤维素醚等。

表4-5为木质素磺酸钙缓凝剂在普通预拌砂浆夏季施工配合比设计中的应用，表中数据是在室温30℃的条件下测试所得，数据表明在增加保水增稠剂和木钙掺量的情况下，预拌砂浆的保水性能和凝结时间得到改善，符合JG/T 230—2007《预拌砂浆》中的技术要求。

表4-5 普通预拌砂浆 DMM10 夏季施工配合比设计

强度等级	42.5级水泥/kg	粉煤灰/kg	保水增稠剂/kg	砂/kg	稠度/mm	保水率/%	木钙掺量/kg	凝结时间/(h:min)		28d强度/MPa
								初凝时间	终凝时间	
DMM 10	270	30	70	1550	84	94.5	0	4:30	6:00	13.05
DMM 10	270	30	70	1550	83	93.8	0.18	5:43	7:00	14.35
DMM 10	270	30	70	1550	84	92.9	0.36	6:30	7:45	14.65

4.2.3.2 普通预拌砂浆冬季施工配合比设计

我国广大的北方地区天气都比较寒冷。冬季可长达4～6个月这种寒冷的气候，对砂浆工程施工影响很大。预拌砂浆对温度非常敏感，温度每降低1℃水泥的水化速率就要降低5%～7%。如果温度降到4℃以下，水泥水化所需水即开始膨胀，当水温降到0℃以下砂浆中游离水分开始结冰，水分结冰后水化作用即趋于停止。当温度低于-15℃时，游离水几乎全部结冰，而水分结冰后其体积膨胀约9%。这对于强度不高的新形成的砂浆可能产生永久性的损害，会导致砂浆的开裂、剥落。

因此，混凝土的冬季施工是不可避免的，我国规定当室外日平均气温低于5℃即进入冬季施工。对于预拌砂浆冬季施工，经常遇到的面临的问题主要有两方面，一方面是低温对预拌砂浆的破坏；另一方面是低温导致水泥水化反应速度下降，凝结时间延长，使砂浆收光时间推后，导致施工进度下降。

针对预拌砂浆冬季施工的不足，为了保证砂浆施工的质量和进度，一般要使用防冻剂。可选用的防冻剂见表4-6。

表4-6 常用于防冻剂的盐类

名称	最低共熔点/℃	浓度/(g/100g 水)	名称	最低共熔点/℃	浓度/(g/100g 水)
氯化钠	-21.2	30.1	碳酸钾	-36.5	56.5
氯化钙	-28	78.6	尿素	-17.6	78
亚硝酸钠	-19.6	61.3	醋酸钠	-17.5	—
硝酸钙	-28	78.6	氨水	-84	161

针对上述防冻剂，处于对混凝土中钢筋的保护，一般有限选用不含氯离子的防冻剂。另外砂浆一般作为建筑墙体的饰面层，其外观形象和环境影响比较重要，因而在选择防冻剂时，要考虑碱含量，以免砂浆泛碱，影响外观，同时不宜选用尿素类防冻剂，避免氨气的污染。出于这些方面的考虑以及经济性因素，目前硝酸钙和甲酸钙为预拌砂浆中优先选用的防冻剂。

表 4-7　普通预拌砂浆 DPM7.5 的冬季施工配合比设计

序号	水泥 /kg	粉煤灰 /kg	保水增稠剂 /kg	砂 /kg	硝酸钙 /kg	碳酸钠 /kg	甲酸钙 /kg	硫酸钠 /kg	氯化钙 /kg	硅酸钠 /kg	终凝时间 /(h:min)
1	270	30	60	1560	—	—	—				9:55
2	270	30	60	1560	2.5		2.5				5:45
3	270	30	60	1560		2.5	2.5				7:00
4	270	30	60	1560			2.5	2.5			7:43
5	270	30	60	1560			2.5			2.5	7:33
6	270	30	60	1560			2.5		2.5		5:00
7	270	30	60	1560			2.5				5:51

表 4-7 为普通预拌砂浆 DPM7.5 的冬季施工配合比设计，试验条件为室温 2℃。试验数据表明，防冻剂的加入能够改善预拌砂浆冬季施工性能，缩短砂浆凝结时间，便于砂浆收光，提高施工效率。其中甲酸钙与氯化钙复配对砂浆冬季施工改善效果最佳。但考虑到氯离子的影响，一般考虑硝酸钙和甲酸钙复配为宜。

4.3　预拌砂浆配合比设计的管理与注意事项

4.3.1　预拌砂浆配合比设计的管理

① 预拌砂浆的使用对象——建筑工程的情况十分复杂，每一个工程由于设计、施工、环境、地理位置的不同，均有其复杂性及特殊性，因此预拌砂浆配合比的设计则涉及产品的品种较多，牵涉面广、变化调整频繁、影响砂浆最终质量结果的因素更多，其配合比（基准配合比）必须由专人按照有关技术规程进行理论设计计算，并结合工程设计要求、施工工艺、原材料性能状况、本企业的工艺设备及生产技术管理水平以及预拌砂浆行业特点进行试验及调整，并在生产中进行动态控制。

在配合比设计中切忌照搬别人的配方，预拌砂浆的生产受诸多复杂因素的影响，不分条件及场合的生搬硬套是十分危险的，这样的事故不胜枚举，教训深刻。因此预拌砂浆在生产前必须经过严格而系统的试配试验，并且区分试验室与现场施工环境的差别，取得良好的试验效果。由试验室通过试验取得的成果，还必须经技术负责人（总工程师）审核后才能应用于生产，未经审核的配合比不得使用。

② 预拌砂浆的生产过程要进行动态控制，动态控制在基准预拌砂浆配合比基础上进行，由试验室掌握，根据工程情况、设计要求、气候变化、运输途中的交通状况、原材料的变化情况及工地的配合程度等因素，结合实践经验进行调整，技术负责人在整个过程中起领导作用。

③ 对工程上应用的配合比进行数据统计，宜给每一个配方编一个不重复的编号，以利于质量追踪和信息反馈，并按工程单位分列存档、备查，不得涂改或丢失。

对长期停止使用的配方，在重新使用时应重新进行试验，复核该配合比的重现性，避免因原材料变化而造成质量事故，确保万无一失。

④ 科学合理地使用掺合料能够取得良好的技术经济效益，因此应努力探索外加剂、粉煤灰、磨细矿渣等材料的双掺或多掺技术，掺合料的添加不仅能够降低成本，而且也能改善预拌砂浆的性能，提高质量，在这方面应做到胆大心细。

4.3.2 预拌砂浆配合比设计的注意事项

预拌砂浆的基础配合比对预拌砂浆的设计具有一定的指导意义。但是，在实际进行配合比设计时还必须注意以下几个问题。

① 同一配合比在不同地区生产的产品，质量、性能等都有可能不一样，并且当地气候、施工环境对预拌砂浆的施工质量将产生很大影响。所以应在基础配合比的基础上，进行配合比的再设计并进行实验室研究工作，研发适合本地使用的最佳配料方案。

② 一般来说，基础配合比仅考虑了产品是否满足性能要求，但实际使用中，成本往往是影响预拌砂浆的重要因素。应当综合考虑性能和成本，进行配合比的再设计，达到在满足性能条件下，尽可能降低生产成本的目的。

③ 预拌砂浆性能对原料种类、产地、质量的依赖程度强。

参 考 文 献

[1] 赵国堂，李化建. 高速铁路高性能混凝土应用管理技术. 北京：中国铁道出版社，2009.
[2] 张雄，张永娟. 建筑功能砂浆. 北京：化学工业出版社，2006.
[3] 王培铭. 商品砂浆的研究与应用. 北京：机械工业出版社，2006.
[4] 丁健美，李光中，胡晓. 预拌砂浆配合比设计与应用. 混凝土，2008，4.
[5] 徐芬莲，陈景，黄波，袁启涛. 预拌砂浆配合比设计方法的探讨. 混凝土，2009，5.
[6] 廉慧珍，李玉琳. 当前混凝土配合比"设计"存在的问题——关于混凝土配合比选择方法的讨

论之一．混凝土，2009，3.

[7] 廉慧珍，李玉琳．关于混凝土配合比选择方法的讨论——关于当代混凝土配合比要素的选择和配合比计算方法的建议之二．混凝土，2009，5.

[8] 王玉瑛，杜守明．加强商品混凝土试验管理、确保商品混凝土生产质量．商品混凝土，2009，11.

[9] JGJ 98—2000《砌筑砂浆配合比设计规程》

5 预拌砂浆生产企业质量管理

任何一个产品要立足于市场，离不开质量，预拌砂浆也不例外。如何保证预拌砂浆的产品质量，是预拌砂浆企业的工作重点。预拌砂浆从原材料到成品，需要经过烘干、筛选、储存、计量、输送、混合、运输以及现场拌制等工艺环节，整个生产环节中影响预拌砂浆质量的因素有很多，例如原材料、计量控制、混合控制以及生产者的技术和素质等。每个影响因素的波动都会对预拌砂浆质量造成影响。质量管理的目的就是，通过对各个影响因素的质量控制，从而保证预拌砂浆成品的质量。本章从原材料、生产过程、人员素质、产品质量控制和试验室管理等几方面入手介绍预拌砂浆企业的质量管理。

5.1 原材料质量管理

水泥、砂、掺合料、添加剂和拌合用水是预拌砂浆的基本组成材料。每项材料的性能指标都直接影响预拌砂浆的质量和使用。预拌砂浆的质量保证离不开对原材料的认真筛选和质量把关。因此，原材料的质量管理是预拌砂浆生产中的重要环节。

原材料的质量应能满足工艺技术条件的要求，按质分别存放，存放应有标识和记录，避免混杂。坚持"先检验，后使用"的原则。企业应根据质量控制要求选择合格的供方，建立并保存合格供方的档案；采购合同应经审批，以保证所采购的原材料符合规定要求；供应部门应严格按照原材料质量标准均衡组织进货。

5.1.1 水泥的质量管理

水泥是砂浆中的主要胶凝材料，对砂浆质量影响重大，水泥质量控制的重点是稳定性控制。立窑水泥由于生产工艺较为落后，大部分存在强度低、稳定性差、控制手段缺乏、管理落后等问题，对这类水泥进行严格的质量控制就显得尤为重要。在实际生产中，大部分预拌砂浆生产企业难以做到真正意义上的分批储存及检后使用（如安定性、凝结时间或28d龄期强度检验），实际上多数是即进、即入库、即用。因此，为确保预拌砂浆质量及提高生产水平，应根据 GB 175—2007《通用硅酸盐水泥》从以下几个方面加以控制。

① 尽可能采用同一厂家、同一牌号的水泥。使用水泥切忌"朝三暮四"，不同厂家的水泥其成分及性能都有一定的差别，经常更换水泥牌号，不利于工程技术人员的熟练掌握和使用。

② 尽可能采用旋窑生产的水泥。总体来讲，旋窑生产的水泥特别是规模较大的旋窑厂，其水泥质量稳定，批次之间水泥的强度及矿物组成波动小，有利于预拌砂浆质量控制。

③ 与水泥生产厂家保持良好的联络，及时将使用情况反馈给生产厂家，并要求其及时提供必要的信息等，以利于企业及时采取相应的工艺应变措施。

④ 将水泥强度富余量、水泥强度标准差、标准稠度用水量、初终凝时间、对常用砂浆添加剂的适应性等技术指标相结合，综合评价水泥质量的优劣。

⑤ 运用统计方法对水泥的稳定性进行评价，并根据统计结果确定预拌砂浆配合比设计及调整的依据。

通过上述五个方面的控制，通过对表 5-1 中要求的检验指标进行水泥质量控制，才能使预拌砂浆生产企业做到优选水泥品牌，严控水泥质量，使预拌砂浆的质量得以保证。

表 5-1　水泥的检验要求

序号	检验项目	检验要求		
		质量证明文件检查	进厂抽样试验检验	
1	烧失量	√	√	同厂家、同批次、同品种、同强度等级、同出厂日期且连续进场的散装水泥每 500t（袋装水泥每 200t）为一批，不足上述数量时也按一批记
2	氧化镁	√	√	
3	三氧化硫	√	√	
4	细度	√	下列情况之一时，检验一次：①任何新选货源；②使用同厂家、同批号、同品种的水泥达 3 个月 √	
5	凝结时间	√	√	
6	安定性	√	每厂家、每品种、每批号检查供应商提供的质量证明文件 √	
7	强度	√	√	
8	碱含量	√		
9	石膏名称及掺量	√		
10	混合材名称及掺量	√		

5.1.2　建筑石膏的质量管理

① 建筑石膏宜选用 GB/T 9776—2008《建筑石膏》规定中强度等级大于 2.0 的建筑石膏。

② 进厂时必须具有质量证明书，并按批量进行复验，合格后方可使用。

③ 对于同一石膏厂生产的同等级建筑石膏，以一次进厂的同一编号的石膏为一批，但一批的总量不得超过 60t。

④ 建筑石膏具体的质量要求见表 5-2。

表 5-2 建筑石膏质量要求

等级	细度（0.2mm 方孔筛筛余）/%	凝结时间/min		2h 强度/MPa	
		初凝	终凝	抗折	抗压
3.0	≤10	≥3	≤30	≥3.0	≥5.0
2.0				≥2.0	≥4.0

5.1.3 砂的质量管理

在选择砂时应注意砂的粒径、级配、含泥量及其他有害物质含量，这些都将对预拌砂浆质量产生影响。如含泥量偏高，为保证原有预拌砂浆的配制强度，需增加大约 5% 的水泥用量，如果砂的细度模数过小，会增加用水量，使预拌砂浆强度降低；而砂的细度模数过大，会使预拌砂浆离析问题增加。因此砂的质量必须给予充分的重视。采取不同批次的砂子分批堆放，分批检验，根据预拌砂浆的使用要求，进行搭配使用，有利于提高预拌砂浆的生产水平。此外，在砂存放场所搭设防雨棚，稳定砂的含水率，将生产用砂在烘干前的含水率降到最低，有利于降低生产成本和提高预拌砂浆产品质量。具体质量管理要求如下。

① 砂宜选用 JGJ 52—2006《普通混凝土用砂、石质量及检验方法标准》规定中的中砂，最大粒径小于 5mm。

② 砂的质量控制按照进厂批次为基准，每批次总量不超过 500t。

③ 砂的具体质量技术指标符合表 5-3、表 5-4 中规定的技术要求，其中砂的颗粒级配应处于表 5-4 中任何一个区以内。

表 5-3 砂的质量要求

项目	细度模数	含泥量（按质量计）/%	泥块含量（按质量计）/%	松散堆积密度/(kg/m³)	表观密度/(kg/m³)	入库含水量（按质量计）/%
指标	2.3～3.0	≤3.0	1.0	>1350	>2500	0.5

表 5-4 砂的级配要求（累计筛余）单位：%

筛孔尺寸/mm	级配区			筛孔尺寸/mm	级配区		
	Ⅰ区	Ⅱ区	Ⅲ区		Ⅰ区	Ⅱ区	Ⅲ区
10.0	0	0	0	0.630	85～71	70～41	40～16
5.0	10～0	10～0	10～0	0.315	95～80	92～70	85～55
2.50	35～5	25～0	15～0	0.160	100～90	100～90	100～90
1.25	65～35	50～10	25～0				

5.1.4　掺合料的质量管理

能够用于预拌砂浆的掺合料有很多种，粉煤灰由于价廉物美得到了广泛的应用。但是，粉煤灰是火力发电厂燃煤形成的工业废渣，在其形成过程中一般未采取任何质量控制措施，因此性能指标波动较大，对预拌砂浆的质量稳定不利。此外，不同火力发电厂的粉煤灰由于使用的煤种及采用的燃烧工艺不同，粉煤灰在预拌砂浆中表现出来的性质也不同。

因此，选用粉煤灰应选择相对固定的厂家，并应首选大型火力发电厂的粉煤灰，因为其货源供应充足，质量波动相对较小，且粉煤灰应至少选用符合 GB/T 1596—2005《用于水泥和混凝土中的粉煤灰》标准的Ⅱ级灰，粉煤灰在使用过程中应加强对安定性的检测，安定性不合格的不能使用。

其他常用的矿物掺合料，如粒化高炉矿渣粉、天然沸石粉、硅灰等矿物掺合料，应分别符合 GB/T 18046—2008《用于水泥和混凝土中的粒化高炉矿渣粉》、JG/T 3048—1998《混凝土和砂浆用天然沸石粉》、GB/T 18736—2002《高强高性能混凝土用矿物外加剂》的规定，当采用一些不常用的矿物掺合料时，应符合相关标准的要求，没有相关标准的应制定完善的技术指标，确保没有放射性等有害物，并应在使用前进行试验验证；矿物掺合料进厂时应具有质量证明文件，并按有关规定进行复验，其掺量应符合有关规定并通过试验确定。

5.1.5　添加剂的质量管理

预拌砂浆添加剂具有掺量小、价格低、影响大的特点，添加剂使用不当而造成的危害和经济损失远远大于其本身价值。预拌砂浆企业使用的大部分添加剂主要是保水增稠类的粉剂产品，但是为了应对预拌砂浆的不同需求，往往会复配不同化学成分的缓凝剂、引气剂、早强剂、减水剂等组分。在进行质量控制时，不仅要对添加剂的基本性能（细度、含水率等）进行测试，更要测试添加剂对预拌砂浆产品指标影响。具体添加剂的质量控制指标如下。

① 保水增稠类添加剂质量控制应符合 JG/T 164—2004《砌筑砂浆增塑剂》和 JG/T 230—2007《预拌砂浆》的标准要求，其中用于粉刷石膏预拌砂浆的保水剂，其质量控制应符合 JC/T 517—2004《粉刷石膏》的技术要求。

② 目前常用的减水剂、缓凝剂、早强剂、抗冻剂、引气剂和消泡剂等添加剂还没有专门针对预拌砂浆的技术规范，这些添加剂的质量控制应根据 GB 8076—2008《混凝土外加剂》标准进行质检。具体质量控制指标见表 5-5。

表 5-5　预拌砂浆添加剂的检验要求

序号	检验项目	检验要求					
		质量证明文件检查		抽样试验检验			
1	均质性	√		√			
2	水泥净浆流动度	√		√			
3	硫酸钠含量	√	每品种、每厂家检查供应商提供的质量证明文件	√	下列情况之一时，检验一次：①任何新选货源；②使用同厂家、同批号、同品种的产品达6个月及出厂日期达6个月的水泥		同厂家、同批次、同品种、同出厂日期的产品每50t为一批，不足50t上述数量时也按一批记
4	Cl⁻含量	√		√			
5	碱含量	√		√			
6	减水率	√		√		√	
7	常压泌水率比	√		√		√	
8	压力泌水率比	√		√		√	
9	含气量	√		√			
10	凝结时间差	√		√		√	
11	抗压强度比	√		√		√	
12	对钢筋的锈蚀作用	√		√		√	
13	耐久性指数	√		√			
14	收缩率比	√		√			

5.1.6　拌合用水

拌合用水可使用自来水或不含有害杂质的天然水，不提倡使用经沉淀过滤处理的循环废水，因为其中有害杂质将对预拌砂浆的施工性能、力学性能和耐久性能产生不利影响，因而预拌砂浆的拌合用水应符合 JGJ 63—2006《混凝土用水标准》。具体质量控制指标见表 5-6。

表 5-6　水的检验要求

序号	检验项目	抽样试验检验		
1	pH 值	√		√
2	不溶物含量	√		√
3	可溶物含量	√	下列情况之一时,检验一次：①新水源；②同一水源的水使用达一年	√
4	氧化物含量	√		√
5	硫酸盐含量	√		√
6	碱含量	√		√
7	凝结时间	√		√
8	抗压强度比	√		同一水源的涨水季节检验一次

5.2　生产过程质量管理

5.2.1　过程要求

① 要求预拌砂浆负责技术的试验室会同有关部门制定重要质量控制方

案，经总工程师或管理者代表批准后执行。试验室负责监督、检查上述方案的实施。

② 预拌砂浆的生产过程控制应采用电脑程序控制，计量应采用电子计量秤，并定期对计量秤进行校准。

③ 常用的天然砂的烘砂过程的质量控制，烘干后砂的含水率应小于0.5%，干砂的含水率测定每班不应少于1次，当含水率有显著变化时，应增加测定次数。机制砂经预处理后含水率亦应小于0.5%。

④ 砂的筛分应采用分级筛分，按不同粒径等级分别储存在筒仓内，并确保颗粒均匀，便于配制不同细度模数的预拌砂浆。

⑤ 为保证预拌砂浆质量，配料岗位应根据试验室下达的配方通知单要求进行配料。配料要严格、计量要准确、操作要精心，力求配料均匀、稳定。添加剂的掺入必须均匀、准确。

⑥ 各种原材料的计量均应按质量计，计量允许偏差不应大于表5-7规定的范围，计量设备应具有法定计量部门签发的有效合格证。

表 5-7　预拌砂浆原材料计量允许偏差

原材料品种	胶凝材料(水泥、建筑石膏)	集料	保水剂	其他添加剂	掺合料	其他材料
计量允许偏差/%	±2	±2	±2	±2	±2	±2

⑦ 预拌砂浆应采用机械强制搅拌混合，搅拌时间应不低于2min，混合搅拌设备要满足生产不同品种预拌砂浆要求。

⑧ 不同品种、强度等级的预拌砂浆应按生产计划组织生产；生产品种更换时，混合及输送设备必须清理干净；原材料和生产条件发生变化时，应及时调整配合比。

⑨ 预拌砂浆散装库应有明显标识，预拌砂浆必须送入试验室指定的库内。

⑩ 预拌砂浆的生产过程环节必须详细记录并保留各原始记录。具体包括：

a. 各原材料的进厂记录，包括材料的品种、批号、批量、进厂时间、供应商、生产商等信息；

b. 各原料库的入库记录；

c. 烘砂过程控制记录；

d. 计量、搅拌控制记录，包括使用的原料库号、数量，搅拌时间以及搅拌时各设备的工作状态、参数等；

e. 包装过程控制记录；

f. 包装质量抽查记录；

g. 各种通知单，包括原料入库通知单、配方通知单、成品包装通知单、产品出厂通知单等。

⑪ 预拌砂浆生产过程质量控制点确定如图 5-1 所示，每个质量控制点的控制指标见表 5-8。

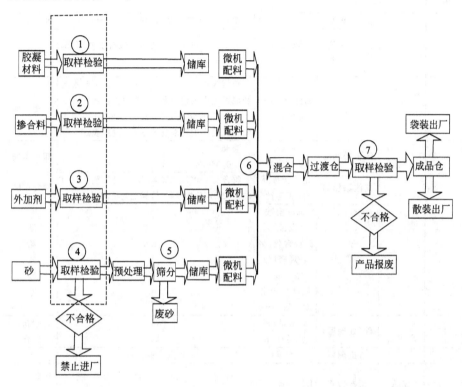

图 5-1　预拌砂浆生产工艺流程及质量控制点确定

5.2.2　设备的质量控制

① 生产过程控制应采用电脑程序控制，计量应采用电子计量秤，并定期对计量秤进行校准。

② 采用高效烘干系统，并通过不同的振荡筛，控制砂的颗粒级配。

③ 制定机修工岗位责任制，做到职责分明。

④ 定期对机械设备运行、维护情况进行检查，至少每月一次。

⑤ 烘干系统和砂浆混合系统实行每年一次停产检修、保养，并做好检修、保养记录。

⑥ 所有计量设备在使用前必须请具有相应资质部门进行检验、检定，合格后方可使用，由计量负责人统一编号，登记台账，做好标识，制定《检

定周期计划表》按时进行检定。

表 5-8　生产工程质量控制指标详表

控制点编号	类别	物料		控制项目	指标	抽量地点
1		胶凝材料	水泥	全套物检	按 GB/T 9776—2008《建筑石膏》全部达标	卸货车辆
			建筑石膏		按 GB 175—2007《通用硅酸盐水泥》全部达标	卸货车辆
2	进厂原料	掺合料		细度、活性和烧失量等	粉煤灰符合 GB/T 1596—2005《用于水泥和混凝土中的粉煤灰》标准的 Ⅱ 级灰 矿粉应符合 GB/T 18046—2008《用于水泥和混凝土中的粒化高炉矿渣粉》规定	卸货车辆
3		保水增稠剂		保水率 黏结强度	>88% >0.3MPa	卸货车辆
		其他添加剂		与预拌砂浆的相容性	符合 GB 8076—2008《混凝土外加剂》、JG/T 230—2007《预拌砂浆》等标准的技术要求	卸货车辆
4		进厂砂		细度模数 含泥量/% 泥块含量/% 表观密度/（kg/m³） 松散堆积密度/（kg/m³）	2.3~3 ≤3.0 ≤1.0 >2500 >1350	砂船或砂车
5	半成品	砂（处理后）		含水量/% 粒径/mm	<0.5 <5	砂仓 砂仓
6		微机配料		配料准确	达到企业标准	—
7	成品	预拌砂浆		出厂检验项目	符合 JC/T 517—2004《粉刷石膏》或 JG/T 230—2007《预拌砂浆》的技术要求	散装出口 袋装出口

⑦ 对混合生产用的配料计量设施，除由指定部门规定时间进行检定外，还应视配料计量的实际稳定情况进行静态校核。

5.2.3　出厂预拌砂浆质量和验收管理

① 生产部依据试验室的《产品出厂通知单》，按指定的批号、品种、强度等级、数量、生产日期发货，并做好发货记录。

② 试验室填写产品质保书、出厂检测报告和产品使用说明书，与货同行。

③ 决定预拌砂浆出厂的权力属于试验室。试验室应配备专业技术人员负责预拌砂浆出厂的管理等有关事宜。出厂预拌砂浆质量必须按相关的预拌

砂浆标准严格检验和控制，经确认预拌砂浆各项质量指标及包装质量符合要求时，方可出具预拌砂浆出厂通知单。各有关部门必须密切配合，确保出厂预拌砂浆质量合格率100%，努力提高预拌砂浆均匀性、稳定性。

④ 普通预拌砂浆不论是袋包装还是封闭筒仓储存，储存期不超过3个月，超过3个月的预拌砂浆，试验室应发出停止该批砂浆出厂通知，并现场标识，经重新取样检验，确认符合标准规定后方能重新签发预拌砂浆出厂通知单。

⑤ 出厂预拌砂浆必须按产品标准取代表性样品进行检验并留样封存，封存日期按相关产品标准规定。出厂预拌砂浆编号的吨数，应严格执行产品标准，禁止超吨位包装。

⑥ 砂浆生产企业在下列情况下，必须按照相关砂浆标准规定的要求进行型式检验：

　　a. 新产品投产或产品定型鉴定时；

　　b. 正常生产时，每一年至少进行一次；

　　c. 主要原材料、配合比或生产工艺有较大改变时；

　　d. 出厂检验结果与上次检验结果有较大差异时；

　　e. 停产六个月以上恢复生产时；

　　f. 国家质量监督检验机构提出检验要求时。

⑦ 出厂预拌砂浆质量交货与验收必须严格执行各相关产品标准。

⑧ 企业应积极做好售后服务。

5.2.4 预拌砂浆的包装与运输管理

① 预拌砂浆可以袋包装或散装。采用砂浆袋包装时，每袋砂浆净含量不得少于标志质量的98%，随机抽取20袋净含量之和不得小于标志质量的总和。砂浆包装袋必须采用纸塑复合袋包装。散装应采用罐装运输。

② 预拌砂浆的包装袋或散装罐上必须有清晰标志显示产品的有关信息，标志内容包括：产品名称；产品标记；商标；强度等级；加水量范围；净含量配比；生产日期；批号；生产单位、地址、电话；产品储存期。

③ 袋装或散装预拌砂浆在运输和储存过程中，不得淋水、受潮、靠近高温或受阳光直射。砂浆储存应采用防雨、防潮措施，按不同品种、强度等级、编号分别堆放，严禁混堆混用。

④ 企业要建立包装质量抽查制度，每班每台包装机至少抽查20袋，其包装质量和标志必须符合标准要求，发现不符合要求时，应及时处理。散装预拌砂浆应出具与袋装预拌砂浆包装标志内容相同的卡片。

5.3 预拌砂浆产品质量管理

对于普通预拌砂浆，其基本性能包括稠度、保水率、凝结时间、抗压强度、黏结强度、收缩性能。其中稠度、保水率和凝结时间属于预拌砂浆的工作性能；抗压强度和黏结强度属于预拌砂浆的力学性能；预拌砂浆的耐久性能包括收缩、抗渗性、抗冻融和抗腐蚀性能等。对于这些基本性能的质量控制，直接关系到预拌砂浆产品的质量。

5.3.1 施工性能质量管理

预拌砂浆的施工性能主要是指搅拌好的砂浆在工程施工中的难易程度。良好的施工性能有助于产品质量的保证。如何控制好预拌砂浆的施工性能，关键在于控制好预拌砂浆稠度、保水率和凝结时间这三个技术指标。

对于预拌砂浆稠度，不同种类的预拌砂浆的稠度要求不一样。同种预拌砂浆的稠度也会受施工工艺、使用场合和墙体材料等因素的影响。其中预拌砌筑砂浆稠度的质量控制具体见表5-9。对于预拌抹灰砂浆的稠度一般控制在100mm以下（江苏省规定的预拌抹灰砂浆稠度要求在110mm以下），但不同的施工工艺对预拌抹灰砂浆稠度的控制不同；人工抹灰时，稠度控制在60～90mm，机械喷涂则控制在80～110mm。根据各地预拌砂浆的地方标准来看，一般预拌地面砂浆的稠度控制在50mm以下。

表 5-9　砌筑砂浆稠度质量控制

砌体种类	砂浆稠度/mm	砌体种类	砂浆稠度/mm
烧结普通砖砌体	70～90	普通混凝土小型空心砌块砌体	50～70
轻骨料混凝土小型空心砌块砌体	60～90	加气混凝土砌块砌体	50～70
烧结多孔砖,空心砖砌体	60～80	石砌体	30～50
烧结普通砖平拱式过梁控斗墙、筒拱砌体	50～70		

对于保水率的质量控制，不同品种的预拌砂浆在不同的地区有不同的要求，其中江苏省的要求最高，其对预拌抹灰砂浆保水率要求在92%以上，北京对应的砂浆保水率要求为80%。根据JG/T 230—2007《预拌砂浆》行业标准中的技术规定，一般预拌砂浆的保水率控制在88%以上。但是针对不同的情况，预拌砂浆应做相应的调整，比如对于吸水性较大的墙体，预拌砂浆的保水率应适当提高，对于吸水性较小的墙体，保水率可适当降低。预拌砂浆的保水率可以通过调整保水增稠剂的用量、水泥用量和砂子的级配来进行调整。

预拌砂浆凝结时间的质量控制，根据JG/T 230—2007《预拌砂浆》行业标准应控制在3～8h。预拌砂浆凝结时间受水泥品种、气温和添加剂的影响。其中用于预拌砂浆保水增稠作用的有机保水剂——纤维素醚，在保水的同时具有缓凝作用，对预拌砂浆的冬季施工影响较大，所以预拌砂浆在冬季施工时应加入防冻剂。对于夏季施工，预拌砂浆可以通过缓凝剂来调节凝结时间。

5.3.2　力学性能质量管理

衡量普通预拌砂浆的力学性能指标主要有抗压强度和黏结强度，其中只有预拌抹灰砂浆考虑黏结强度。预拌砂浆的力学性能指标主要根据预拌砂浆标号来确定。对于预拌抹灰砂浆的28d黏结强度一般要求大于0.2MPa（江苏省地标对预拌抹灰砂浆的28d黏结强度的要求大于0.3MPa）。如何对预拌砂浆的强度进行合理的质量控制，主要通过以下几个方面进行优化调整：

① 选择优质水泥，或者是增加水泥用量；

② 高性能减水剂的使用，减少水灰比；

③ 合理的砂子级配；

④ 在满足保水率的同时，尽量减少保水增稠剂的使用；

⑤ 可以通过增加聚乙烯醇（简称 PVA）、可再分散乳胶粉（简称 EVA）等添加剂提高预拌砂浆黏结强度。

5.3.3　耐久性能质量管理

预拌砂浆的耐久性能指标有很多，对于普通预拌砂浆主要考虑抗渗性和收缩性能指标。抗渗性能好的预拌砂浆才能起到防水、防漏、防潮和保护建筑物不受外部因素的侵蚀破坏作用。一般情况下抗渗性能好的预拌砂浆，其抗冻融、抗碳化以及耐化学腐蚀的性能也较好，这主要是抗渗性能好的砂浆能有效地防止有害物质进入砂浆内部。

砂浆的收缩性是指砂浆拌和和硬化阶段，抵抗其体积变形的能力。一般分为塑性收缩和干燥收缩。一般可以通过优化灰砂比、水灰比，合理控制砂浆抹灰厚度和收光时间，加强养护来减少塑性收缩。对于干燥收缩则可以通过减少灰砂比，降低砂中含泥量，增加高性能矿物掺合料，或者是增加 EVA、减缩剂等添加剂来改善。对于普通预拌砂浆，其28d收缩率应控制在0.5%以下。收缩率小的预拌砂浆有利于其抗渗性，有利于预拌砂浆耐久性能的提高。

5.4　人员的管理和培训

人是质量管理中最重要的因素。如果人的素质不高，没有树立"质量第一"的思想，没有高度的责任心，没有旺盛的工作热情，没有一定的技术技能，即使有上好的设备和原材料，也生产不出优质的预拌砂浆。此外，由于预拌砂浆是一种就地取材的地方性材料以及预拌砂浆使用对象的复杂性等特点决定了在原材料检验、预拌砂浆配合比设计、生产质量监控及技术服务等方面，不能生搬硬套书本知识，许多时候还需靠人的实践经验做出即时的分析和判断，它以理论为指导，实验为基础，是一门实践性很强的经验学科。因此必须重视人的管理和培训。

在人员管理方面应主要抓好以下几个方面。

(1) 责任心　充分开展思想教育，通过各种形式，对职工开展质量教育，使企业的领导者、各级管理人员和各个工种的员工充分认识到：预拌砂浆的质量直接关系到工程质量、企业信誉、经济效益和法律责任。

建立健全各级岗位经济责任制和一系列规章制度，明确规定各级岗位对预拌砂浆质量应负的责任，做到奖罚分明。

(2) 技术水平　必须选用胜任的技术负责人（总工程师）作为技术带头人和质量管理者。一个专业知识水平高、实践经验丰富、又有较强管理能力的技术负责人对于提高质量管理水平、避免重大质量事故、有效解决质量问题、开展新产品技术开发工作、降低综合材料成本、对员工进行技术培训及教育等方面起着重要作用，同时也在技术力量、质量控制水平等方面直接代表了企业的实力和形象。

开展技术培训工作。对所有与质量相关的部门及人员进行专门的培训和考核，对各级领导干部、管理人员及其他工种人员开展预拌砂浆的基本知识教育，使全体员工都了解预拌砂浆的有关知识，并且熟练地掌握各个岗位应该掌握的技术技能和把握质量控制的关键。

5.5　试验室质量管理

5.5.1　试验室主任岗位责任

① 坚决贯彻执行国家有关建筑工程质量监督和检测的方针，遵守有关法律、法令和法规。接受上级主管部门的领导，对试验业务的行政管理工作全面负责。

② 全体人员认真努力学习国家法律、政策和业务技术知识，抓好思想工作，不断提高业务技术水平。

③ 组织有关人员健全各项规章制度，定期执行情况，保证检测工作的独立性，不受外界的影响和干预，确保检测工作的公正性。

④ 负责组织、协调试验的试验工作，主持制定年度试验计划，总结计

划执行情况，定期向上级主管部门汇报工作。

⑤ 按照生产计划和交货日期，确保产品的质量保证书（或证明书）及时送到客户手中，7天内寄出预拌砂浆出厂质量保证书（或证明书）。

⑥ 把预拌砂浆不同种类的配合比提供给生产车间使用，并在生产过程中对每批投产的配合比进行核对确认无误后方可同意开机生产。

⑦ 参加公司组织的工程质量检查及有关质量事故的分析和处理工作，检查监督试验人员的操作技术执行情况，发现问题及时纠正，保证试验数据的准确性。

⑧ 负责对全体人员的定级、晋级及技术考评。对人员调配有建议权。

⑨ 主持有关新资料、新工艺、新技术的试验研究工作，编制试验方案后报有关领导审批后再组织实施。

⑩ 审核、解释试验结果，签发试验报告，设备器具的更新、改造、报废，报请有关部门领导审批后实施。

⑪ 负责试验室人员的技术培训、定级及技术考评。

5.5.2 试验人员岗位职责

① 正确掌握国家规范规定的各种材料抽样，取样，检测方法，并取得上岗证。

② 按要求及时完成各种材料的抽样工作，并附有材料抽样送检单，送检单应注明检验项目、要求和时间等。

③ 按龄期要求负责材料、试件的编号、登记、拆模、养护留样等工作。

④ 按国家标准及时检测材料试件，做好试验数据的记录、整理、汇总工作。

⑤ 加强标准养护室的管理，严格控制标养条件，并每天记录标准养护室温湿度变化情况。

⑥ 试验结束，应及时切断电源，做好设备清洗保养，环境卫生，安全工作。

5.5.3 仪器设备管理制度

① 各种试验仪器设备的性能应符合试验要求，其精度应符合检测要求。

② 仪器设备应有专人使用和保管。不经专管人员同意，他人不得随便使用。

③ 仪器设备在使用时，要检验其性能是否良好。根据试件的测试范围适时更换，进行试验仪器复零、调平工作，时速与温度控制应符合试验

要求。

　　④ 试验完毕，应随时对仪器进行清理和保养。

　　⑤ 按照计量要求，定期进行检验。

　　⑥ 仪器摆放安全、可靠，电源接地。

　　⑦ 注意仪器防酸、碱、盐等腐蚀。

　　⑧ 出现问题不得自主拆卸，要通知专业技术人员维修。

5.5.4　技术文件管理制度

　　① 试验室长期保存的技术资料有下列种类：

　　a. 国家、地区、部门有关的产品质量方面的政策、法令、法律、法规和红头文件；

　　b. 产品技术标准；

　　c. 原材料标准；

　　d. 相关的试验方法、大纲、细则、规范、操作规程和方法，包括国内、国外和自编的；

　　e. 测量设备的管理台账、检定合格证、使用说明书和出厂合格证等；

　　f. 其他有关的应长期保存的技术资料。

　　② 技术资料的发放、领用有记录、有签收。

　　③ 企业自编的技术文件如企业标准、操作规程、试验方法等有编写、校对、审批手续。

　　④ 技术文件的修改有申请、审批、修改、打印、换版等规范程序。

　　⑤ 技术文件有专人保管，专柜存放并做好防霉、防火、防盗工作。检验原始记录、台账和检验报告的填写、编制、审核制度。

　　⑥ 做好原始记录、台账、报表的归档管理，包括有关文件的归档保存，质量统计员负责记录整理等。

　　⑦ 原始记录和台账，检验报告，应根据不同的内容要求，采用统一格式；报表根据有关上级部门要求规定的统一表式。

　　⑧ 各项检验原始记录和分类台账的填写必须清晰，不得随意涂改。当笔误需要改正时应在错误的数字上划一条横杠（保持原错误的数字能看清楚），并加盖更改人的印章，将准确更正的数字写在上方。涉及进厂的主要原料，或出厂预拌砂浆的检验记录（报告）的更改，须有试验室主任的签字。

　　⑨ 质量检验数据要及时检验分析，提出改进意见，做好专题总结。

　　⑩ 做好质量月报、年报，且要按国家统一表格填报齐全，并按规定时

118

间及时上报有关部门。

⑪ 原始记录台账、检验报告应装订成册，专人保管，出厂预拌砂浆台账应按规定时间移交"档案室"归档，长期保存，其他一般材料保存期为两年。

参 考 文 献

[1] 赵国堂，李化建. 高速铁路高性能混凝土应用管理技术. 北京：中国铁道出版社，2009.

[2] 王培铭. 商品砂浆的研究与应用. 北京：机械工业出版社，2006.

[3] 张雄，张永娟. 建筑功能砂浆. 北京：化学工业出版社，2006.

[4] 王培铭. 商品砂浆. 北京：化学工业出版社，2008.

[5] 沈春林. 商品砂浆. 北京：中国标准出版社，2007.

[6] GB 175—2007 通用硅酸盐水泥

[7] JGJ 52—2006 普通混凝土用砂、石质量及检验方法标准

[8] GB/T 1596—2005 用于水泥和混凝土中的粉煤灰

[9] GB/T 18046—2008 用于水泥和混凝土中的粒化高炉矿渣粉

[10] JG/T 3048—1998 混凝土和砂浆用天然沸石粉

[11] GB/T 18736—2002 高强高性能混凝土用矿物外加剂

[12] JG/T 164—2004 砌筑砂浆增塑剂

[13] JG/T 230—2007 预拌砂浆

[14] GB 8076—2008 混凝土外加剂

[15] JGJ 63—2006 混凝土用水标准

[16] DGJ 32/J13—2005 江苏省工程建设强制性标准《预拌砂浆技术规程》

[17] DBJ 13—00—2006 福建省预拌砂浆生产与应用技术规程

[18] GB/T 9776—2008 建筑石膏

[19] 广州市预拌砂浆质量管理规程（征求意见稿）.2010

6 普通预拌砂浆应用

预拌砂浆相比于传统现场拌制砂浆，可以免去原材料采购、运输、堆放、加工，实验室配比测试、现场搅拌生产质量控制等一系列过程，现场工人只需加水拌和即可。预拌砂浆相比于传统现拌砂浆的另一个优点是可以采用机械喷涂，这样能够有效地降低施工方的运营成本，提高施工效率。鉴于预拌砂浆的优势，本章从预拌砂浆施工工艺入手，介绍预拌砂浆的应用技术。主要介绍了预拌砂浆的普通施工工艺，包括砌筑砂浆施工、抹面砂浆施工、地面砂浆施工，重点介绍了机械喷涂工艺和常用喷涂工具，总结了机械施工的优点，并对预拌砂浆施工中出现的一些问题进行总结、分析，提出解决方案及预防措施。

6.1 普通预拌砂浆施工工艺

6.1.1 预拌砌筑砂浆施工工艺

预拌砌筑砂浆适用于承重墙、非承重墙中各种混凝土砖、粉煤灰砖和黏土砖的砌筑。具体施工流程如下：

① 将预拌砌筑砂浆按使用说明要求加入定量清水，搅拌均匀静置5min后再稍加搅拌即可使用；

② 用灰刀将搅匀后的灰浆均匀涂抹于砖块砌筑面，然后用力压实；

③ 多余的浆料应在其未干固前清理干净；

④ 预拌砌筑砂浆要做到即拌即用，以免造成材料浪费。

6.1.2 抹灰砂浆施工工艺

预拌抹灰砂浆主要用于建筑墙体的饰面找平，具体工艺流程如下：

基层处理→浇水湿润→吊垂直、套方、找规矩、抹灰饼→抹水泥踢脚或墙裙→做护角、抹水泥窗台→墙面充筋→抹底灰→修补预留孔洞、电箱槽、盒等→抹罩面灰。

(1) 基层处理

① 砖砌体：应清除表面杂物，残留灰浆、舌头灰、尘土等。

② 混凝土基体：表面凿毛或在表面洒水润湿后涂刷界面剂即可。

③ 加气混凝土基体：应在湿润后涂刷界面剂。

(2) 浇水湿润　一般在抹灰前一天，用软管或胶皮管或喷壶顺墙自上而下浇水湿润。每天宜浇两次。

(3) 吊垂直、套方、找规矩、做灰饼　根据设计图纸要求的抹灰质量，根据基层表面平整垂直情况，用一面墙做基准，吊垂直、套方、找规矩，确定抹灰厚度，抹灰厚度不应小于 7mm。当墙面凹度较大时应分层衬平。每层厚度不大于 7～9mm。操作时应先抹上灰饼，再抹下灰饼。抹灰饼时应根据室内抹灰要求，确定灰饼的正确位置，再用靠尺板找好垂直与平整。灰饼宜用 DPM15 预拌砂浆抹成 5cm 见方形状。

房间面积较大时应先在地上弹出十字中心线，然后按基层面平整度弹出墙角线，随后在距墙阴角 100mm 处吊垂线并弹出铅垂线，再按地上弹出的墙角线往墙上翻引，弹出阴角两面墙上的墙面抹灰层厚度控制线，以此做灰饼，然后根据灰饼充筋。

(4) 抹水泥踢脚（或墙裙）　根据已抹好的灰饼充筋（此筋可以冲得宽一些，8～100mm 为宜，因此筋即为抹踢脚或墙裙的依据，同时也作为墙面抹灰的依据），底层抹 DPM15 预拌砂浆，抹好后用大杠刮平，木抹搓毛，常温第二天用 1：2.5 水泥砂浆抹面层并压光，抹踢脚或墙裙厚度应符合设计要求，无设计要求时凸出墙面 5～7mm 为宜。凡凸出抹灰墙面的踢脚或墙裙上口必须保证光洁顺直，踢脚或墙面抹好将靠尺贴在大面与上口平，然后用小抹子将上口抹平压光，凸出墙面的棱角要做成钝角，不得出现毛茬和飞棱。

(5) 做护角

① 传统施工法。墙、柱间的阳角应在墙、柱面抹灰前用 DPM20 预拌砂浆做护角，其高度自地面以上 2m。然后将墙、柱的阳角处浇水湿润。第一步在阳角正面立上八字靠尺，靠尺突出阳角侧面，突出厚度与抹灰面平。然后在阳角侧面，依靠尺边抹水泥砂浆，并用铁抹子将其抹平，按护角宽度（不小于 5cm）将多余的水泥砂浆铲除。第二步待水泥砂浆稍干后，将八字靠尺移至抹好的护角面上（八字坡向外）。在阳角的正面，依靠尺边抹水泥砂浆，并用铁抹子将其抹平，按护角宽度将多余的水泥砂浆铲除。抹完后去掉八字靠尺，用素水泥浆涂刷护角尖角处，并用捋角器自上而下捋一遍，使形成钝角。

② 角条施工法。将金属或塑料角条钉在墙、柱间的阳角上，即可按常规方法进行抹灰施工。

(6) 抹水泥窗台　先将窗台基层清理干净，松动的砖要重新补砌好。砖缝划深，用水润透，然后用素混凝土铺实，厚度宜大于 2.5cm，次日刷界面剂一遍，随后抹 DPM20 预拌砂浆面层，待表面达到初凝后，浇水养护 2～

3d，窗台板下口抹灰要平直，没有毛刺。

(7) 墙面充筋　当灰饼砂浆达到七八成干时，即可用与抹灰层相同砂浆充筋，充筋根数应根据房间的宽度和高度确定，一般标筋宽度为5cm。两筋间距不大于1.5m。当墙面高度小于3.5m时宜做立筋。大于3.5m时宜设横筋，做横向冲筋时灰饼的间距不宜大于2m。

(8) 抹底灰　一般情况下，待充筋硬结后方可开始抹底灰。抹前应先抹一层薄灰，要求将基体抹严，抹时用力压实使砂浆挤入细小缝隙内，接着分层装挡、抹与充筋平，用木杠刮找平整，用木抹子搓毛。然后全面检查底子灰是否平整，阴阳角是否方直、整洁，管道背后与阴角交接处、墙顶板交接处是否光滑平整、顺直，并用托线板检查墙面垂直与平整情况。抹灰面接槎应平顺，地面踏脚板或墙裙，管道背后应及时清理干净，做到活完底清。

(9) 修抹预留孔洞、配电箱、槽、盒　当底灰抹平后，要随即由专人把预留孔洞、配电箱、槽、盒周边5cm宽的石灰砂刮掉，并清除干净，用大毛刷沾水沿周边刷水湿润，然后用DPM10预拌抹灰砂浆把洞口、箱、槽、盒周边压抹平整、光滑。

(10) 抹罩面灰　应在底灰六七成干时开始抹罩面灰（抹时如底灰过干应浇水湿润），罩面灰两遍成活，厚度约2mm，操作时最好两人同时配合进行，一人先刮一遍薄灰，另一人随即抹平。依先上后下的顺序进行，然后赶实压光，压时要掌握火候，既不要出现水纹，也不可压活，压好后随即用毛刷蘸水将罩面灰污染处清理干净。

6.1.3　预拌地面砂浆施工工艺

预拌地面砂浆主要建筑工程的地面找平，具体工艺流程如下：

基层处理→找标高、弹线→洒水湿润→抹灰饼和标筋→搅拌砂浆→刷水泥浆结合层（或涂抹界面剂）→铺水泥砂浆面层→木抹子搓平→铁抹子压第一遍→第二遍压光→第三遍压光→养护

① 基层处理：先将基层上的灰尘扫掉，用钢丝刷和錾子刷净、剔掉灰浆皮和灰渣层，用10％的火碱水溶液刷掉基层上的油污，并用清水及时将碱液冲净。

② 找标高弹线：根据墙上的+50cm水平线，往下量测出面层标高，并弹在墙上。

③ 洒水湿润：用喷壶将地面基层均匀洒水一遍。

④ 抹灰饼和标筋（或称冲筋）：根据房间内四周墙上弹的面层标高水平线，确定面层抹灰厚度（不应小于20mm），然后拉水平线开始抹灰饼

（5cm×5cm）横竖间距为 1.5～2.0m，灰饼上平面即为地面面层标高。

如果房间较大，为保证整体面层平整度，还须抹标筋（或称冲筋），将水泥砂浆铺在灰饼之间，宽度与灰饼相同，用木抹子拍抹成与灰饼上表面相平一致。

⑤ 预拌地面砂浆搅拌，其稠度不应大于 50mm，强度等级不应小于 DSM15。为了控制加水量，应使用搅拌机搅拌均匀，颜色一致。

⑥ 刷水泥浆结合层：在铺设水泥砂浆之前；应涂刷水泥浆一层，其水灰比为 0.4～0.5（涂刷之前要将抹灰饼的余灰清扫干净，再洒水湿润），不要涂刷面积过大，随刷随铺面层砂浆。

⑦ 铺水泥砂浆面层：涂刷水泥浆之后紧跟着铺水泥砂浆，在灰饼之间（或标筋之间）将砂浆铺均匀，然后用木刮杠按灰饼（或标筋）高度刮平。铺砂浆时如果灰饼（或标筋）已硬化，木刮杠刮平后，同时将利用过的灰饼（或标筋）敲掉，并用砂浆填平。

⑧ 木抹子搓平：木刮杠刮平后，立即用木抹子搓平，从内向外退着操作，并随时用 2m 靠尺检查其平整度。

⑨ 当设计要求需要压光时，采用铁抹子压光。

⑩ 铁抹子压第一遍：木抹子抹平后，立即用铁抹子压第一遍，直到出浆为止，如果砂浆过稀表面有泌水现象时，可均匀撒一遍干的预拌地面砂浆，再用木抹子用力抹压，使干拌料与砂浆紧密结合一体，吸水后用铁抹子压平。如有分格要求的地面，在面层上弹分格线，用劈缝溜子开缝，再用溜子将分缝内压至平、直、光。上述操作均在水泥砂浆初凝之前完成。

⑪ 第二遍压光：面层砂浆初凝后，人踩上去，有脚印但不下陷时，用铁抹子压第二遍，边抹压边把坑凹处填平，要求不漏压，表面压平、压光。有分格的地面压过后，应用溜子溜压，做到缝边光直、缝隙清晰、缝内光滑顺直。

⑫ 第三遍压光：在水泥砂浆终凝前进行第三遍压光（人踩上去稍有脚印），铁抹子抹上去不再有抹纹时，用铁抹子把第二遍抹压时留下的全部抹纹压平、压实、压光（必须在终凝前完成）。

⑬ 养护：地面压光完工后 24h，铺锯末或其他材料覆盖洒水养护，保持湿润，养护的时间不少于 7d，当抗压强度达 5MPa 才能上人。

6.2 机械喷涂施工工艺

预拌砂浆采用机械化施工具有明显的优势，具有更高的技术含量，可进一步提高预拌砂浆均匀度，保证工程施工质量，达到高质量、高效率。可降低综合成本，做到无粉尘污染、无废弃物料，极大地降低劳动强度，真正做到文明施工。

6.2.1 施工工艺

基层处理→充筋→喷涂→抹平→压光→清理现场。

施工的第一步是先处理基层，清除基层浮灰、油污等附着物，使基层清洁。第二步是充筋，用 2m 靠尺板和线坠，拉线测量墙体平直，用直径 8～12mm 硬质直钢筋每隔 1.3m（充筋宽度掌握在小于刮杆长度为宜）左右贴墙面充筋，用通用抹灰砂浆粘牢。值得注意的是必须保证冲筋的平、直且牢固。第三步是喷涂，给灰浆机加料，调整合适的砂浆稠度，进行喷涂，喷涂厚度要稍高于标筋约 1mm，具体要求有：喷枪手要根据标筋情况进行喷涂，根据墙体平整情况尽量做到均匀平整；引导喷枪以恒定速度沿水平方向快速来回移动，不可以做圆周喷涂；在喷洒墙面灰泥浆时，务必使喷枪稍稍向上翘，使得砂浆成直角地喷在墙面上；喷嘴与墙面的间距应为 10～30cm 为宜。第四步是抹平，砂浆喷涂完成后，需要立即进行抹平施工，用大刮板沿标筋由下往上抹平，用刮下的料对凹陷处进行找补，尽量做到一杆抹平。如果砂浆偏稀，则不适合马上刮平，要等砂浆收水后，用 2m 靠尺板检查墙面平整度，稍高的刮下，稍低的需要找补，用泡沫小搓板搓平。第五步是压光，压光的时间要掌握好，砂浆用手压，手指上不再粘泥时压光最好，用泡沫搓板沾清水搓浆，光滑铁抹子进行压光，直到表面相对光滑平整。施工的最后一步是清理现场，以保证设备后续的正常使用。

6.2.2 常用机械喷涂设备

(1) Putzmelster 灰浆泵　PM 灰浆泵可适用水泥灰浆、石灰灰浆、石膏灰浆、装饰灰浆等多种介质。应用范围非常广泛，可用于输送和灌注物料（铺地坪、灌注墙体）、抹灰（建筑物内部、外墙喷涂灰浆，抹灰砌墙，填充接缝，混凝土表面破损修复）。图 6-1～图 6-4 为 Putzmelster 不同型号的灰浆机。

图 6-1　Putzmelster MP10 灰浆机　　　图 6-2　Putzmelster MP25 灰浆机

图 6-3　Putzmelster S5 灰浆机 　　　　　图 6-4　Putzmelster P12 灰浆机

　　(2) m-tec 机械喷涂设备　双混泵（图 6-5）是市场上主流混浆泵中，搅拌时间较长的设备。双混泵的搅拌原理运用了浸泡式搅拌原理，胶凝材料和化学添加剂能够通过浸泡原理快速分散。灰浆泵 P30（图 6-6）与连续搅拌机、散装筒仓联合使用实现自动加水搅拌和泵送以及喷涂。连续式混浆机（图 6-7、图 6-8）能够轻便灵活地在施工现场移动，并且只需要在第一次设定材料的用水量后，就能连续不断地提供具有稳定工作性的拌合物。

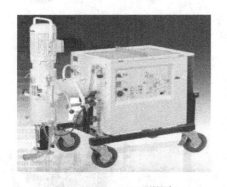

图 6-5　Duomix 双混泵 　　　　　　　　图 6-6　P30 灰浆泵

　　(3) PFT 机械喷涂设备　MULTIMIX 搅拌器（图 6-9）适合于预搅拌的不同成分，已搅拌好的水泥基的干燥灰泥和自搅拌混合物。HM2006 连续搅拌器（图 6-10）能连续和全自动地搅拌基于水泥的预搅拌干燥灰泥。混合泵（图 6-11）连续并全自动地混合并泵送所有适合于机器使用的预搅拌干燥灰泥和基于石膏、石灰和水泥上的加入水即可使用的灰泥。ZP3 输送泵（图 6-12）适合应用于所有可泵送的、基于石灰和水泥的预搅拌的干燥灰泥、湿材料、浆状的材料和液体的媒质。

图 6-7 D10 连续搅拌机

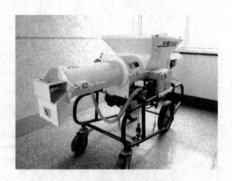

图 6-8 D30 连续搅拌机

图 6-9 MULTIMIX 搅拌器

图 6-10 HM2006 连续搅拌器

图 6-11 PFTG5C 混合泵

图 6-12 ZP3 输送泵

6.2.3 机械施工特点

(1) 工程质量好　喷涂的压力一般在 0.5MPa 以上，压力大，附着力强，粘接牢固，没有空鼓、裂缝与脱皮现象；密合度高，不易于脱落。

(2) 速度快，工效高　一个由 5 人组成的机械喷涂抹灰班组，日完成底子灰一般为 $400\sim800m^2$，人均日完成最高可达 $200m^2$。

(3) 减少用工，降低成本　采用机械喷涂抹灰比手工减少人工费用，由于缩短工期，其他机械使用费减少 $35\%\sim50\%$；综合分析施工成本可降低 30% 左右。

(4) 节约材料和设备　目前的灰浆和砂浆的输送主要靠手推车、吊机。根据实际施工经验，在运送灰浆的过程中，落地灰至少在 5% 以上；此外，机械喷涂顶棚灰时，可省去一层素水泥浆，一般宿舍楼每平方米约需 3kg 水泥，一幢 $9000m^2$ 的住宅楼，约可省用 27t 水泥；对加气混凝土墙可直接喷灰，省去以往采用的外挂铅丝网或一道 DG 胶。据统计，一般 $4000m^2$ 左右的宿舍楼，使用机械喷涂抹灰，约可节省一台井子架和卷扬机，由于机械占用时间短，周转快，能节约上万元机械费用。

6.3　预拌砂浆应用中的常见问题及处理

预拌砂浆的全面推广有着它自身的优点，比起传统水泥与水泥混合砂浆，大部分工地认为预拌砂浆抹灰出现的空鼓、开裂、起壳现象明显少于传统砂浆，施工企业认为在使用预拌砂浆时施工操作方法与传统的施工方法不一样，如果继续使用传统方法，工程可能会出现质量通病问题，而且预拌砂浆与传统砂浆相比，成分要求提高，淘汰了石灰膏，使用高要求的保水增稠材料以及其他各种满足预拌砂浆的掺合料，预拌砂浆无论从质量还是其他各种性能均超过传统砂浆，质量通病的发生也明显少于传统砂浆。本节主要对预拌砂浆质量通病典型问题及其防止措施进行讨论。

6.3.1　预拌砂浆质量通病典型问题及其防止措施

(1) 预拌砂浆塑性开裂　塑性开裂是指砂浆在硬化前或硬化过程中产生开裂，它一般发生在砂浆硬化初期，塑性开裂裂纹一般都比较粗，裂缝长度短。

原因分析：砂浆抹灰后不久在塑性状态下由于水分减少快而产生收缩应力，当收缩应力大于砂浆自身的黏结强度时，表面产生裂缝。

① 它往往与砂浆的材性和环境温度、湿度以及风级等有关系。

② 水泥用量大，砂细度模数越小，含泥量越高，用水量大，砂浆越容易发生塑性开裂。

防止措施：预拌砂浆中通过加入保水增稠剂和外加剂，减少水泥用量，控制砂细度模数及其泥含量、施工环境，减少塑性开裂。

(2) 预拌砂浆干缩开裂　干缩开裂是指砂浆在硬化后产生开裂，它一般发生在砂浆硬化后期，干缩开裂裂纹其特点是细而长，成网状。

原因分析：干缩开裂是砂浆硬化后由于水分散失、体积收缩产生的裂缝，它一般要经过一年甚至2～3年后才逐步发展。

① 砂浆水泥用量大，强度太高导致体积收缩。

② 砂浆后期养护不到位。

③ 砂浆掺合料或外加剂干燥收缩值大。

④ 墙体本身开裂，界面处理不当。

⑤ 砂浆标号乱用或用错，基材与砂浆弹性模量相差太大。

防止措施：减少水泥用量，掺加合适的掺合料降低干缩值，加强对施工方宣传指导，加强管理，严格要求按预拌砂浆施工方法施工。

(3) 下坠开裂　下坠开裂指预拌砂浆抹上墙后，凝结前因自重下坠造成的开裂。下坠开裂裂纹其特点是水平条状。

原因分析：

① 砂浆稠度太大。

② 砂浆流动度太大。

③ 砂浆凝结时间过长。

防止措施：

① 调节砂浆至合适的稠度、流动度和凝结时间。

② 加入触变剂。

(4) 预拌砂浆工地出现结块、成团现象，质量下降

原因分析：

① 砂浆生产企业原材料砂含水率未达到砂烘干要求，砂浆搅拌时间太短，搅拌不均匀。

② 砂浆生产企业原材料使用不规范。

③ 施工企业未按规范要求储存预拌砂浆，或未能按照预拌砂浆施工要求及时清理干混砂浆筒仓及搅拌器。

防止措施：

① 砂浆生产企业应制定严格的质量管理体系，制定质量方针和质量目标，建立组织机构，加强生产工艺控制及原材料检测。

② 砂浆生产企业应做好现场服务，介绍产品特点提供产品说明书，保证工程质量。

③ 施工企业提高砂浆工程质量责任措施，干混砂浆筒仓专人负责维护清理。

(5) 预拌砂浆试块不合格，强度忽高忽低，离差太大，强度判定不合格，而其他工地同样时间、同样部位、同一配合比却全部合格且离差小。

原因分析：

① 施工单位采用试模不合格，本身试件尺寸误差太大，有的试模对角线误差≥3mm，因而出现试件误差偏大的问题。

② 试件制作粗糙不符合有关规范，未进行标准养护。

③ 试件本身不合格，受力面积达不到要求而出现局部受压，强度偏低。

防止措施：

① 建议施工单位实验人员进行技术培训，学习有关试验的标准和规范。

② 更换不合格试模，对采用的试模应加强监测，达不到要求坚决不用。

(6) 预拌砂浆抹面不久出现气泡

原因分析：

① 砂浆外加剂或保水增稠材料与水泥适应性不好，导致反应产生气泡。

② 砂浆原材料中砂细度模数太低或颗粒级配不好导致空隙率太高而产生气泡。

③ 砂浆采用引气剂不当。

防止措施：

① 加强原材料特别是外加剂和保水增稠材料与水泥适应性试验，合格后方可使用生产。

② 合理调整砂子的颗粒级配及各项指标，保证砂浆合格出厂。

③ 合理使用引气剂。

(7) 预拌砂浆同一批试块强度不一样，颜色出现差异

原因分析：因生产材料供应不足，同一工程使用了不同种的水泥和粉煤灰，导致砂浆需水量、凝结时间等性能发生变化，造成强度与颜色差异。

防止措施：

① 生产企业在大方量生产时应提前做好材料准备，防止生产中材料断挡问题发生。

② 预拌砂浆严禁在同一施工部位采用两种水泥或粉煤灰。

(8) 预拌砂浆凝结时间不稳定，时长时短

原因分析：

① 砂浆凝结时间太短：由于外界温度很高、基材吸水大、砂浆保水不高导致凝结时间缩短影响操作时间。

② 砂浆凝结时间太长：由于季节、天气变化以及外加剂超量导致凝结时间太长，影响操作。

防止措施：

① 严格控制外加剂掺量，根据不同季节、不同天气、不同墙体材料调整外加剂种类和使用掺量。

② 加强工地现场查看，及时了解施工信息。

(9) 预拌砂浆出现异常，不凝结

原因分析：外加剂计量失控，导致砂浆出现拌水离析，稠度明显偏大，不凝结。

防止措施：加强计量检修与保养，防止某一部分的失控；加强操作人员与质检人员责任心，坚决杜绝不合格产品出厂。

(10) 预拌砂浆静置时出现泌水、离析、表面附有白色薄膜现象

原因分析：

① 砂浆搅拌时间太短、保水材料添加太少导致保水太低。

② 砂子颗粒级配不好，砂浆和易性太差。

③ 纤维素醚质量不好或配方不合理。

防止措施：合理使用添加剂及原材料，做好不同原材料试配，及时调整配方。

(11) 预拌砂浆抹面出现表面掉砂现象

原因分析：主要由于砂浆所用原材料砂子细度模数太低，含泥量超标，胶凝材料比例少，导致部分砂子浮出表面，起砂。

防止措施：

① 严格控制砂子细度模数、颗粒级配、含泥量等指标。

② 增加胶凝材料及时调整配方。

(12) 预拌砂浆抹面出现表面掉粉起皮现象

原因分析：主要由于砂浆所用原材料掺合料容重太低，掺合料比例太大，由于压光导致部分粉料上浮，聚集表面，以至于表面强度低而掉粉起皮。

防止措施：了解各种掺合料的性能及添加比例，注意试配以及配方的调整。

(13) 预拌砂浆抹面易掉落、粘不住现象

原因分析：

① 砂浆和易性太差，黏结力太低。

② 施工方一次抹灰太厚，抹灰时间间隔太短。

③ 基材界面处理不当。

防止措施：

① 根据不同原材料不同基材调整配方，增加黏结力。

② 施工时建议分层抹灰，总厚度不能超过 20mm，注意各个工序时间。

③ 做好界面处理，特别是一些新型墙体材料，要用专用配套砂浆。

(14) 预拌砂浆抹面粗糙、无浆抹后收光不平

原因分析：预拌砂浆原材料轻骨料（砂）大颗粒太多，细度模数太高，所出浆体变少，无法收光。

防止措施：调整砂浆轻骨料（砂）颗粒级配适当增加粉料。

(15) 预拌砂浆硬化后出现空鼓、脱落、渗透质量问题

原因分析：

① 生产企业质量管理不严，生产控制不到位导致的砂浆质量问题。

② 施工企业施工质量差导致的使用问题。

③ 墙体界面处理使用的界面剂、黏结剂与干混砂浆不匹配所引起的。

④ 温度变化导致建筑材料膨胀或收缩。

⑤ 本身墙体开裂。

防止措施：

① 生产单位应提高预拌砂浆质量管理的措施及责任。

② 施工企业应提高预拌砂浆工程质量的施工措施及责任。

(16) 泛碱

原因分析：赶工期（常见于冬春季），使用 Na_2SO_4、$CaCl_2$ 或以它们为主的复合产品作为早强剂，增加了水泥基材料的可溶性物质。材料自身内部存在一定量的碱是先决条件，水泥基材料属于多孔材料，内部存在有大量尺寸不同的毛细孔，成为可溶性物质在水的带动下从内部迁移出表面的通道。水泥基材料在使用过程中受到雨水浸泡，当水分渗入其内部，将其内部可溶性物质带出来，在表面反应并沉淀。酸雨渗入基材内部，与基材中的碱性物质相结合并随着水分迁移到表面结晶，也会引起泛白。

防治措施：

① 没有根治的办法，只能尽可能降低其发生的概率，控制预拌砂浆搅拌过程的加水量。施工时地坪材料不能泌水、完全干燥前表面不能与水接触。

② 尽量使用低碱水泥和外加剂。

③ 优化配合比，增加水泥基材料密实度，减小毛细孔。例如使用其他熟料、填料替代部分水泥。

④ 使用泛碱抑制剂。如 ELOTEX ERA-100，但经过使用不能完全改变这个情况，只能在某种程度上减轻泛碱的情况，约 100 元/kg，掺量每吨约

2.5kg，若掺量太高成本过高。

⑤ 避免在干燥、刮风、低温环境条件下施工。

⑥ 硅酸盐水泥与高强硫铝酸盐水泥复合使用有一定效果。原理如下：

Ⅰ. 硫铝酸盐水泥的 $2CaO \cdot SiO_2$ 水化后生成的 $Ca(OH)_2$ 会与其他水化产物发生二次反应，形成新的化合物。

$$3Ca(OH)_2 + Al_2O_3 \cdot 3H_2O + 3(CaSO_4 \cdot 2H_2O) + 20H_2O$$
$$\longrightarrow 3CaO \cdot Al_2O_3 \cdot 3CaSO_4 \cdot 32H_2O$$

因此硫铝酸盐水泥水化产物不存在 $Ca(OH)_2$ 析晶。

Ⅱ. 硫铝酸盐水泥与普通硅酸盐水泥复合使用，水化过程中硫铝酸盐水泥会把普通硅酸盐水泥产生的多余的 $Ca(OH)_2$ 消耗掉，从根本上解决了泛碱的问题。

6.3.2 预拌砂浆应用前景

预拌砂浆行业已成为全国建筑业发展的一个新趋势，工程建设使用预拌砂浆将对节能减排、减少环境污染、提高施工工程质量起到重要作用。从预拌砂浆生产的原材料抓起，注重预拌砂浆现场的跟踪服务，努力提高预拌砂浆的质量，赢得客户的认可，有助于推广预拌砂浆，是建设资源节约、环境友好型社会、实现社会和谐的一个重要途径。

参 考 文 献

[1] 肖斌. 建筑节能无机活性外墙外保温砂浆施工. 中国西部科技，2009，11.

[2] 杜改萍. SAC外墙内保温砂浆施工技术及应用. 山西建筑，2006，10.

[3] 贺智敏，回成文，周燕等. 膨胀玻化微珠保温砂浆配制技术试验研究. 2007全国保温材料技术交流会论文汇编，2007.

[4] 韩亚楼，陈哲，韩亚琼等. 预拌砂浆施工技术. 建筑工人，2007，10.

[5] 张学伟，刘卫东，苏海华等. 喷射聚合物保温砂浆施工技术. 施工技术，2010，03.

[6] 王春辉. 外墙外保温砂浆施工工艺. 建筑工人，2009，01.

[7] 马德富，吕芳黎，王锦龙等. 喷射聚合物砂浆施工工艺新技术. 山东水利，2003，21.

[8] 何建新，孙希兵，吕芳黎等. 砌石坝喷射聚合物砂浆防渗技术研究. 山东水利，2001，11.

7 预拌砂浆性能试验方法

预拌砂浆的性能主要包括物理力学性能和耐久性能。本章主要介绍了预拌砂浆的性能测试方法，重点包括试验取样及试样制备、试验仪器设备、试验步骤、数据处理和记录格式等。

预拌砂浆的基本性能试验有稠度试验、表观密度试验、分层度试验、保水性试验、凝结时间试验、立方体抗压强度试验、拉伸黏结强度试验、抗冻性能试验、收缩试验、含气量试验、吸水率试验、抗渗性能试验、静力受压弹性模量试验等。

7.1 取样及试样制备

7.1.1 取样

① 建筑砂浆试验用料应从同一盘砂浆或同一车砂浆中取样。取样量不应少于试验所需量的 4 倍。

② 当施工过程中进行砂浆试验时，砂浆取样方法应按相应的施工验收规范执行，并宜在现场搅拌点或预拌砂浆装卸料点的至少 3 个不同部位及时取样。对于现场取得的试样，试验前应人工搅拌均匀。

③ 从取样完毕到开始进行各项性能试验，不宜超过 15min。

7.1.2 试样的制备

① 在试验室制备砂浆试样时，所用材料应提前 24h 运入室内。拌和时，试验室的温度应保持在 (20±5)℃。当需要模拟施工条件下所用的砂浆时，所用原材料的温度宜与施工现场保持一致。

② 试验所用原材料应与现场使用材料一致。砂应通过 4.75mm 筛。

③ 试验室拌制砂浆时，材料用量应以质量计。水泥、外加剂、掺合料等的称量精度应为 ±0.5%，细骨料的称量精度应为 ±1%。

④ 在试验室搅拌砂浆时应采用机械搅拌，搅拌机应符合 JG/T 3033—1996《试验用砂浆搅拌机》中的规定，搅拌的用量宜为搅拌机容量的 30%～70%，搅拌时间不应少于 120s。掺有掺合料和外加剂的砂浆，其搅拌时间不应少于 180s。

7.1.3 试验记录

试验记录应包括下列内容：

① 取样日期和时间；

② 工程名称、部位；

③ 砂浆品种、砂浆技术要求；

④ 试验依据；

⑤ 取样方法；

⑥ 试样编号；

⑦ 试样数量；

⑧ 环境温度；

⑨ 试验室温度、湿度；

⑩ 原材料品种、规格、产地及性能指标；

⑪ 砂浆配合比和每盘砂浆的材料用量；

⑫ 仪器设备名称、编号及有效期；

⑬ 试验单位、地点；

⑭ 取样人员、试验人员、复核人员。

7.2 稠度试验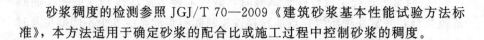

砂浆稠度的检测参照 JGJ/T 70—2009《建筑砂浆基本性能试验方法标准》，本方法适用于确定砂浆的配合比或施工过程中控制砂浆的稠度。

7.2.1 仪器设备

① 砂浆稠度仪：应由试锥、容器和支座三部分组成。试锥应由钢材或铜材制成，试锥高度应为 145mm，锥底直径应为 75mm，试锥连同滑杆的质量应为（300±2）g；盛浆容器应由钢板制成，筒高应为 180mm，锥底内径应为 150mm；支座应包括底座、支架及刻度显示三个部分，应由铸铁、钢或其他金属制成（图 7-1）。

② 钢制捣棒：直径为 10mm，长度为 350mm，端部磨圆。

③ 秒表。

7.2.2 试验步骤

① 应先采用少量润滑油轻擦滑杆，再将滑杆上多余的油用吸油纸擦净，使滑杆能自由滑动。

② 应先采用湿布擦净盛浆容器和试锥表面，再将砂浆拌合物一次装入容器；砂浆表面宜低于容器口 10mm，用捣棒自容器中心向边缘均匀地插捣 25 次，然后轻轻地将容器摇动或敲击 5～6 下，使砂浆表面平整，然后将容器置于稠度测定仪的底座上。

③ 拧开制动螺钉，向下移动滑杆，当试锥尖端与砂浆表面刚接触时，应拧紧制动螺钉，使齿条测杆下端刚接触滑杆上端，并将指针对准零点上。

④ 拧开制动螺钉，同时计时间，10s 时立即拧紧螺钉，将齿条测杆下端接触滑杆上端，从刻度盘上读出下沉深度（精确至 1mm），即为砂浆的稠度值。

⑤ 盛浆容器内的砂装，只允许测定一次稠度，重复测定时，应重新取样测定。

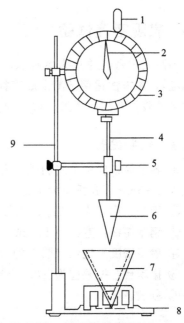

图 7-1　砂浆稠度测定仪

1—齿条测杆；2—指针；3—刻度盘；
4—滑杆；5—制动螺钉；6—试锥；
7—盛浆容器；8—底座；9—支架

7.2.3　数据处理

① 同盘砂架应取两次试验结果的算术平均值作为测定值，并应精确至 1mm。

② 当两次试验值之差大于 10mm 时，应重新取样测定。

7.2.4　试验记录格式

记录格式见表 7-1。

表 7-1　砂浆稠度试验记录表

试验次数	砂浆沉入度/cm		备注
	测定值	平均值	
1			
2			

试验者_____　记录者_____　校核者_____　日期_____

7.3 表观密度试验

砂浆表观密度的检测参照 JGJ/T 70—2009《建筑砂浆基本性能试验方法标准》，本方法适用于测定砂浆拌合物捣实后的单位体积质量，以确定每立方米砂浆拌合物中各组成材料的实际用量。

7.3.1 仪器设备

① 容量筒：应由金属制成，内径应为 108mm，净高应为 109mm，筒壁厚应为 2~5mm，容积应为 1L。

② 天平：称量应为 5kg，感量应为 5g。

③ 钢制捣棒：直径为 10mm，长度为 350mm，端部磨圆。

④ 砂浆密度测定仪（图 7-2）。

⑤ 振动台：振幅应为 (0.5±0.05)mm，频率应为 (50±3)Hz。

⑥ 秒表。

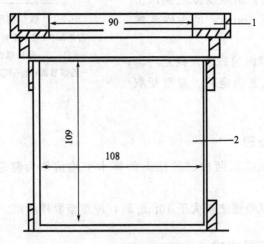

图 7-2　砂浆密度测定仪
1—漏斗；2—容量筒

7.3.2 试验步骤

① 应按照本标准的规定测定砂浆拌合物的稠度。

② 应先采用湿布擦净容量筒的内表面，再称量容量筒质量 m_1，精确至 5g。

③ 捣实可采用手工或机械方法。当砂浆稠度大于 50mm 时，宜采用人

136

工插捣法；当砂浆稠度不大于 50mm 时，宜采用机械振动法。

采用人工插捣时，将砂浆拌合物一次装满容量筒，使稍有富余，用捣棒由边缘向中心均匀地插捣 25 次。当插捣过程中砂浆沉落到低于筒口时，应随时添加砂浆，再用木锤沿容器外壁敲击 5～6 下。

采用振动法时，将砂浆拌合物一次装满容量筒连同漏斗在振动台上振 10s，当振动过程中砂装沉入到低于筒口时，应随时添加砂浆。

④ 捣实或振动后，应将筒口多余的砂浆拌合物刮去，使砂浆表面平整，然后将容量筒外壁擦净，称出砂浆与容量筒总质量 m_2，精确至 5g。

7.3.3 数据处理

① 砂浆的表观密度 ρ（以 kg/m^3 计）按式（7-1）计算：

$$\rho = \frac{m_2 - m_1}{V} \times 1000 \tag{7-1}$$

式中　ρ——砂浆拌合物的表观密度，kg/m^3；

m_1——容量筒质量，kg；

m_2——容量筒及试样质量，kg；

V——容量筒容积，L。

② 表观密度取两次试验结果的算术平均值作为测定值，精确至 10kg/m^3。

注：容量筒的容积可按下列步骤进行校正。选择一块能覆盖住容量筒顶面的玻璃板，称出玻璃板和容量筒质量；向容量筒中灌入温度为（20±5）℃的饮用水，灌到接近上口时，一边不断加水，一边把玻璃板沿筒口徐徐推入盖严。玻璃板下不得存在气泡；擦净玻璃板面及筒壁外的水分，称量容量筒、水和玻璃板质量（精确至 5g）。两次质量之差（以 kg 计）即为容量筒的容积（L）。

7.3.4 试验记录格式

记录格式见表 7-2。

表 7-2　砂浆密度试验记录表

试样编号	容量筒质量 m_1/kg	容量筒体积 V/L	容量筒及试样质量 m_2/kg	砂浆密度 ρ/(kg/m^3)	
				测定值	平均值

试验者_____　　记录者_____　　校核者_____　　日期_____

7.4 分层度试验

砂浆分层度的检测参照标准 JGJ/T 70—2009《建筑砂浆基本性能试验

方法标准》，本方法适用于测定砂浆拌合物的分层度，以确定在运输及停放时砂浆拌合物的稳定性。

7.4.1　仪器设备

① 砂浆分层度筒（图7-3）：应由钢板制成，内径应为150mm，上节高度应为200mm，下节带底净高应为100mm，两节的连接处应加宽3～5mm，并应设有橡胶垫圈。

② 振动台：振幅应为（0.5±0.05）mm，频率应为（50±3）Hz。

③ 砂浆稠度仪、木锤等。

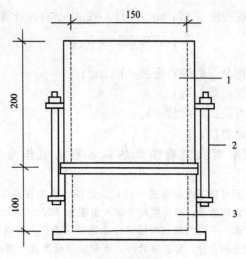

图7-3　砂浆分层度测定仪

1—无底圆筒；2—连接螺栓；3—有底圆筒

7.4.2　试验步骤

砂浆分层度的测定可采用标准法和快速法。当发生争议时，应以标准法的测定结果为准。

(1) 标准法

① 应按照本标准的规定测定砂浆拌合物的稠度。

② 应将砂浆拌合物一次装入分层度筒内，待装满后，用木锤在分层度筒周围距离大致相等的四个不同部位轻轻敲击1～2下；当砂浆沉落到低于筒口时，应随时添加，然后刮去多余的砂浆并用抹刀抹平。

③ 静置 30min 后，去掉上节 200mm 砂浆，然后将剩余 100mm 砂浆倒在拌合锅内拌 2min，再按照本标准的规定测其稠度。前后测得的稠度之差即为该砂浆的分层度值。

(2) 快速法

① 应按照本标准的规定测定砂浆拌合物的稠度。

② 应将分层度筒预先固定在振动台上，砂浆一次装入分层度筒内，振动 20s。

③ 去掉上节 200mm 砂浆，剩余 100mm 砂浆倒出放在拌合锅内拌 2min，再按本标准稠度试验方法测其稠度，前后测得的稠度之差即为该砂浆的分层度值。

7.4.3 数据处理

① 应取两次试验结果的算术平均值作为该砂浆的分层度值，精确至 1mm。

② 当两次分层度试验值之差大于 10mm 时，应重新取样测定。

7.4.4 试验记录格式

记录格式见表 7-3。

表 7-3 砂浆分层度试验记录表

试验编号	砂浆满筒时沉入度/cm	剩余砂浆沉入度/cm	砂浆分层度/cm	
			测定值	平均值

试验者_____ 记录者_____ 校核者_____ 日期_____

7.5 保水性试验

砂浆保水性的检测参照 JGJ/T 70—2009《建筑砂浆基本性能试验方法标准》，本方法适用于测定砂浆拌合物的保水率和含水率，以确定在运输及停放时砂浆拌合物内部组分的稳定性。

7.5.1 仪器设备

① 金属或硬塑料圆环试模：内径应为 100mm，内部高度应为 25mm。

② 可密封的取样容器：应清洁、干燥。

③ 2kg 的重物。

④ 金属滤网：网格尺寸 $45\mu m$，圆形，直径为 $(110\pm1)mm$。

⑤ 超白滤纸：应采用现行国家标准 GB/T 1914—2007《化学分析滤纸》规定的中速定性滤纸，直径应为 110mm，单位面积质量应为 $200g/m^2$。

⑥ 2 片金属或玻璃的方形或圆形不透水片，边长或直径应大于 110mm。

⑦ 天平：量程为 200g，感量应为 0.1g；量程为 2000g，感量应为 1g。

⑧ 烘箱。

7.5.2 试验步骤

① 称量底部不透水片与干燥试模质量 m_1 和 15 片中速定性滤纸质量 m_2。

② 将砂浆拌合物一次性装入试模，并用抹刀插捣数次，当装入的砂浆略高于试模边缘时，用抹刀以 45°角一次性将试模表面多余的砂浆刮去，然后再用抹刀以较平的角度在试模表面反方向将砂浆刮平。

③ 抹掉试模边的砂浆，称量试模、底部不透水片与砂浆总质量 m_3。

④ 用金属滤网覆盖在砂浆表面，再在滤网表面放上 15 片滤纸，用上部不透水片盖在滤纸表面，以 2kg 的重物把上部不透水片压住。

⑤ 静置 2mm 后移走重物及上部不透水片，取出滤纸（不包括滤网），迅速称量滤纸质量 m_4。

⑥ 按照砂浆的配比及加水量计算砂浆的含水率。当无法计算时，可按本标准的规定测定砂浆含水率。

7.5.3 数据处理

① 砂浆保水率应按式（7-2）计算：

$$w=\left[1-\frac{m_4-m_2}{\alpha\times(m_3-m_1)}\right]\times100 \qquad (7\text{-}2)$$

式中　w——砂浆保水率，%；

m_1——底部不透水片与干燥试模质量，g，精确至 1g；

m_2——15 片滤纸吸水前的质量，g，精确至 0.1g；

m_3——试模、底部不透水片与砂浆总质量，g，精确至 1g；

m_4——15 片滤纸吸水后的质量，g，精确至 0.1g；

α——砂浆含水率，%。

取两次试验结果的算术平均值作为砂浆的保水率，精确至 0.1%，且第二次试验应重新取样测定。当两个测定值之差超过 2% 时，此组试验结果应为无效。

② 砂浆含水率的测定。测定砂浆含水率时，应称取（100±10）g 砂浆拌合物试样，置于一干燥并已称重的盘中，在（105±5）℃的烘箱中烘干至恒重。砂浆含水率应按式（7-3）计算：

$$\alpha = \frac{m_6 - m_5}{m_6} \times 100 \tag{7-3}$$

式中　α——砂浆含水率，%；

　　　m_5——烘干后砂浆样本的质量，g，精确至 1g；

　　　m_6——砂浆样本的总质量，g，精确至 1g。

取两次试验结果的算术平均值作为砂浆的含水率，精确至 0.1%。当两个测定值之差超过 2% 时，此组试验结果应为无效。

7.5.4　试验记录格式

记录格式见表 7-4 和表 7-5。

表 7-4　砂浆含水率试验记录表

试验编号	砂浆烘干前质量 m_5/g	砂浆烘干后质量 m_6/g	砂浆含水率	
			测定值	平均值

试验者＿＿＿＿＿＿　记录者＿＿＿＿＿＿　校核者＿＿＿＿＿＿　日期＿＿＿＿＿＿

表 7-5　砂浆保水率试验记录表

试验编号	不透水片和试模质量 m_1/g	吸水前滤纸质量 m_2/g	砂浆、不透水片和试模质量 m_3/g	吸水后滤纸质量 m_4/g	砂浆含保水率	
					测定值	平均值

试验者＿＿＿＿＿＿　记录者＿＿＿＿＿＿　校核者＿＿＿＿＿＿　日期＿＿＿＿＿＿

7.6　凝结时间试验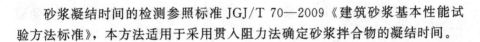

砂浆凝结时间的检测参照标准 JGJ/T 70—2009《建筑砂浆基本性能试验方法标准》，本方法适用于采用贯入阻力法确定砂浆拌合物的凝结时间。

7.6.1　仪器设备

(1) 砂浆凝结时间测定仪　应由试针、容器、压力表和支座四部分组成，并应符合下列规定（图 7-4）。

① 试针：应由不锈钢制成，截面积应为 30mm²。

② 盛浆容器：应由钢制成，内径应为 140mm，高度应为 75mm。

③ 压力表：测量精度应为 0.5N。

④ 支座：应分底座、支架及操作杆三部分，应由铸铁或钢制成。

（2）定时钟

7.6.2 试验步骤

① 将制备好的砂浆拌合物装入盛浆容器内，砂浆应低于容器上口10mm，轻轻敲击容器，并予以抹平，盖上盖子，放在（20±2)℃的试验条件下保存。

② 砂浆表面的泌水不得清除，将容器放到压力表座上，然后通过下列步骤来调节测定仪：

a. 调节螺母3，使贯入试针与砂浆表面接触；

b. 拧开调节螺母2，再调节螺母1，以确定压入砂浆内部的深度为25mm后再拧紧螺母2；

c. 旋动调节螺母8，使压力表指针调到零位。

③ 测定贯入阻力值，用截面为30mm^{2}的贯入试针与砂浆表面接触，在10s内缓慢而均匀地垂直压入砂浆内部25mm深，每次贯入时记录仪表读数N_p，贯入杆离开容器边缘或已贯入部位应至少12mm。

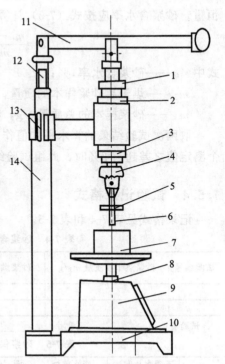

图 7-4 砂浆凝结时间测定仪

1，2，3，8—调节螺母；4—夹头；
5—垫片；6—试针；7—盛浆容器；
9—压力表座；10—底座；
11—操作杆；12—调节杆；
13—立架；14—立柱

④ 在（20±2)℃的试验条件下，实际贯入阻力值应在成型后2h开始测定，并应每隔30min测定一次，当贯入阻力值达到0.3MPa时，应改为每15min测定一次，直至贯入阻力值达到0.7MPa为止。

注：在施工现场测定凝结时间时，砂浆的稠度、养护和测定的温度应与现场相同；在测定湿拌砂浆的凝结时间时，时间间隔可根据实际情况定为受检砂浆预测凝结时间的1/4、1/2、3/4等来测定，当接近凝结时间时可每15min测定一次。

7.6.3 数据处理

① 砂浆贯入阻力值应按式（7-4）计算：

$$f_p = \frac{N_p}{A_p} \qquad\qquad (7\text{-}4)$$

式中 f_p——贯入阻力值，MPa，精确至 0.01MPa；

N_p——贯入深度至 25mm 时的静压力，N；

A_p——贯入试针的截面积，即 30mm² 。

② 凝结时间的确定可采用图示法或内插法，有争议时应以图示法为准。图示法为从加水搅拌开始计时，分别记录时间和相应的贯入阻力值，根据试验所得各阶段的贯入阻力与时间的关系绘图，由图求出贯入阻力值达到 0.5MPa 的所需时间 h（min），此时的 t_s 值即为砂浆的凝结时间测定值。

③ 测定砂浆凝结时间时，应在同盘内取两个试样，以两个试验结果的算术平均值作为该砂装的凝结时间值，两次试验结果的误差不应大于 30min，否则应重新测定。

7.6.4 试验记录格式

记录格式见表 7-6。

表 7-6 砂浆凝结时间试验记录表

加水时间	测试时间	试样 1		试样 2	
		贯入压力 N_p/N	贯入阻力值 f_p/MPa	贯入压力 N_p/N	贯入阻力值 f_p/MPa
凝结时间/min	测定值				
	平均值				

试验者＿＿＿＿＿＿＿ 记录者＿＿＿＿＿＿＿ 校核者＿＿＿＿＿＿＿ 日期＿＿＿＿＿＿＿

7.7 立方体抗压强度试验

砂浆抗压强度的检测参照 JGJ/T 70—2009《建筑砂浆基本性能试验方法标准》，本方法适用于测定砂浆立方体的抗压强度，以确定砂浆表面抵抗压应力的能力。

7.7.1 仪器设备

① 试模：应为 70.7mm×70.7mm×70.7mm 的带底试模，应符合现行

行业标准 JG 237—2008《混凝土试模》的规定选择，应具有足够的刚度并拆装方便。试模的内表面应机械加工，其不平度应为每 100mm 不超过 0.05mm，组装后各相邻面的不垂直度不应超过±0.5°。

② 钢制捣棒：直径为 10mm，长度为 350mm，端部磨圆。

③ 压力试验机：精度应为 1%，试件破坏荷载应不小于压力机量程的 20%，且不应大于全量程的 80%。

④ 垫板：试验机上、下压板及试件之间可垫以钢垫板，垫板的尺寸应大于试件的承压面，其不平度应为每 100mm 不超过 0.02mm。

⑤ 振动台：空载中台面的垂直振幅应为（0.5±0.05）mm，空载频率应为（50±3）Hz，空载台面振幅均匀度不应大于 10%，一次试验应至少能固定 3 个试模。

7.7.2　试验步骤

① 应采用立方体试件，每组试件应为 3 个。

② 应采用黄油等密封材料涂抹试模的外接缝，试模内应涂刷薄层机油或隔离剂。应将拌制好的砂浆一次性装满砂浆试模，成型方法应根据稠度而确定。当稠度大于 50mm 时，宜采用人工插捣成型，当稠度不大于 50mm 时，宜采用振动台振实成型。

a. 人工插捣。应采用捣棒均匀地由边缘向中心按螺旋方式插捣 25 次，插捣过程中当砂浆沉落低于试模口时，应随时添加砂浆，可用油灰刀插捣数次，并用手将试模一边抬高 5～10mm 各振动 5 次，砂浆应高出试模顶面 6～8mm。

b. 机械振动：将砂浆一次装满试模，放置到振动台上，振动时试模不得跳动，振动 5～10s 或持续到表面泛浆为止，不得过振。

③ 应待表面水分稍干后，再将高出试模部分的砂浆沿试模顶面刮去并抹平。

④ 试件制作后应在温度为（20±5）℃的环境下静置（24±2）h，对试件进行编号、拆模。当气温较低时，或者凝结时间大于 24h 的砂浆，可适当延长时间，但不应超过 2d。试件拆模后应立即放入温度为（20±2）℃、相对湿度为 90%以上的标准养护室中养护。养护期间，试件彼此间隔不得小于 10mm，混合砂浆、湿拌砂浆试件上面应覆盖，防止有水滴在试件上。

⑤ 从搅拌加水开始计时，标准养护龄期应为 28d，也可根据相关标准要求增加 7d 或 14d。

⑥ 试件从养护地点取出后应及时进行试验。试验前应将试件表面擦拭

144

干净，测量尺寸，并检查其外观，并应计算试件的承压面积。当实测尺寸与公称尺寸之差不超过 1mm 时，可按照公称尺寸进行计算。

⑦ 将试件安放在试验机的下压板或下垫板上，试件的承压面应与成型时的顶面垂直，试件中心应与试验机下压板或下垫板中心对准。开动试验机，当上压板与试件或上垫板接近时，调整球座，使接触面均衡受压。承压试验应连续而均匀地加荷，加荷速度应为 0.25～1.5kN/s；砂浆强度不大于2.5MPa 时，宜取下限。当试件接近破坏而开始迅速变形时，停止调整试验机油门，直至试件破坏，然后记录破坏荷载。

7.7.3 数据处理

① 砂浆立方体抗压强度应按下式计算：

$$f_{m,cu} = K\frac{N_u}{A} \qquad (7\text{-}5)$$

式中　$f_{m,cu}$——砂浆立方体试件抗压强度，MPa，应精确至 0.1MPa；

　　　N_u——试件破坏荷载，N；

　　　A——试件承压面积，mm^2；

　　　K——换算系数，取 1.35。

② 应以三个试件测值的算术平均值作为该组试件的砂架立方体抗压强度平均值，精确至 0.1MPa；

③ 当三个测值的最大值或最小值中有一个与中间值的差值超过中间值的 15％时，应把最大值及最小值一并舍去，取中间值作为该组试件的抗压强度值；

④ 当两个测值与中间值的差值均超过中间值的 15％时，该组试验结果应为无效。

7.7.4 试验记录格式

记录格式见表 7-7。

表 7-7　砂浆立方体抗压强度试验记录表

制备日期				龄期/d		
试样编号	最大荷载 N_u/N	试件尺寸/mm		试件截面积 A/mm^2	抗压强度 $f_{m,cu}$/MPa	
		a	b		测定值	平均值

试验者_____　记录者_____　校核者_____　日期_____

7.8 拉伸黏结强度试验

砂浆拉伸黏结强度的检测参照 JGJ/T 70—2009《建筑砂浆基本性能试验方法标准》，试验条件应符合下列规定：① 温度应为（20±5）℃；② 相对湿度应为 45%～75%。

7.8.1 仪器设备

① 拉力试验机：破坏荷载应在其量程的 20%～80% 范围内，精度应为 1%，最小示值应为 1N。

② 拉伸专用夹具（图 7-5 和图 7-6）：应符合现行 JG/T 3049—1998《建筑室内用腻子》的规定。

③ 成型框：外框尺寸应为 70mm×70mm，内框尺寸应为 40mm×40mm，厚度应为 6mm，材料应为硬聚氯乙烯或金属。

④ 钢制垫板：外框尺寸应为 70mm×70mm，内框尺寸应为 43mm×43mm，厚度应为 3mm。

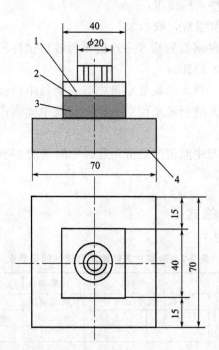

图 7-5 拉伸黏结强度用钢制上夹具（单位：mm）

1—拉伸用钢制上夹具；2—胶黏剂；3—检验砂浆；4—水泥砂浆块

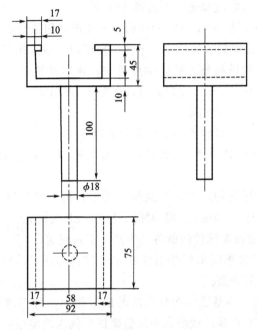

图 7-6　拉伸黏结强度用钢制下夹具（单位：mm）

7.8.2　试验步骤

(1) 基底水泥砂浆块的制备　应符合下列规定。

① 原材料。水泥应采用符合现行 GB 175—2007《通用硅酸盐水泥》中规定的 42.5 级水泥；砂应采用符合现行 JGJ 52—2006《普通混凝土用砂、石质量及检验方法标准》中规定的中砂；水应采用符合现行 JGJ 63—2006《混凝土用水标准》中规定的用水。

② 配合比。水泥∶砂∶水＝1∶3∶0.5（质量比）。

③ 成型。将制成的水泥砂浆倒入 70mm×70mm×20mm 的硬聚氯乙烯或金属模具中，振动成型或用抹灰刀均匀插捣 15 次，人工颠实 5 次，转90°，再颠实 5 次，然后用刮刀以 45°方向抹平砂浆表面；试模内壁事先宜涂刷水性隔离剂，待干、备用。

④ 应在成型 24h 后脱模，并放入（20±2）℃水中养护 6d，再在试验条件下放置 21d 以上。试验前，应用 200 号砂纸或磨石将水泥砂浆试件的成型面磨平，备用。

(2) 砂浆料浆的制备　应符合下列规定。

① 干混砂浆料浆的制备。

147

a. 待检样品应在试验条件下放置 24h 以上。

b. 应称取不少于 10kg 的待检样品，并按产品制造商提供比例进行水的称量；当产品制造商提供比例是一个值域范围时，应采用平均值。

c. 应先将待检样品放入砂浆搅拌机中，再启动机器，然后徐徐加入规定量的水，搅拌 3～5min。搅拌好的料应在 2h 内用完。

② 现拌砂浆料浆的制备。

a. 待检样品应在试验条件下放置 24h 以上。

b. 应按设计要求的配合比进行物料的称量，且干物料总量不得少于 10kg。

c. 应先将称好的物料放入砂浆搅拌机中，再启动机器，然后徐徐加入规定量的水，搅拌 3～5min。搅拌好的料应在 2h 内用完。

(3) 拉伸黏结强度试件的制备 应符合下列规定。

① 将制备好的基底水泥砂浆块在水中浸泡 24h，并提前 5～10min 取出，用湿布擦拭其表面。

② 将成型框放在基底水泥砂浆块的成型面上，再将按照本标准规定制备好的砂浆料浆或直接从现场取来的砂浆试样倒入成型框中，用抹灰刀均匀插捣 15 次，人工颠实 5 次，转 90°，再颠实 5 次，然后用刮刀以 45°方向抹平砂浆表面，24h 内脱模，在温度（20±2）℃、相对湿度 60%～80% 的环境中养护至规定龄期。

③ 每组砂浆试样应制备 10 个试件。

(4) 拉伸黏结强度试验 应符合下列规定。

① 应先将试件在标准试验条件下养护 13d，再在试件表面以及上夹具表面涂上环氧树脂等高强度胶黏剂，然后将上夹具对正位置放在胶黏剂上，并确保上夹具不歪斜，除去周围溢出的胶黏剂，继续养护 24h。

② 测定拉伸黏结强度时，应先将钢制垫板套入基底砂浆块上，再将拉伸黏结强度夹具安装到试验机上，然后将试件置于拉伸夹具中，夹具与试验机的连接宜采用球铰活动连接，以（5±1）mm/min 速度加荷至试件破坏。

③ 当破坏形式为拉伸夹具与胶黏剂破坏时，试验结果应无效。

注：对于有特殊条件要求的拉伸黏结强度，应先按照特殊要求条件处理后，再进行试验。

7.8.3 数据处理

① 拉伸黏结强度应按式（7-6）计算：

$$f_{\text{at}} = \frac{F}{A_z}$$ (7-6)

式中 f_{at}——砂浆拉伸黏结强度，MPa；

　　F——试件破坏时的荷载，N；

　　A_z——黏结面积，mm^2。

② 应以 10 个试件测值的算术平均值作为拉伸黏结强度的试验结果。

③ 当单个试件的强度值与平均值之差大于 20%时，应逐次舍弃偏差最大的试验值，直至各试验值与平均值之差不超过 20%，当 10 个试件中有效数据不少于 6 个时，取有效数据的平均值为试验结果，结果精确至0.01MPa。

④ 当10个试件中有效数据不足 6 个时，此组试验结果应为无效，并应重新制备试件进行试验。

7.8.4　试验记录格式

记录格式见表 7-8。

表 7-8　砂浆拉伸黏结强度试验表格

试样编号	最大荷载 F/N	试件尺寸/mm		试件截面积 A_z/mm^2	拉伸黏结强度 f_{at}/MPa	
		a	b		测定值	平均值

试验者_____　记录者_____　校核者_____　日期_____

7.9　抗冻性能试验

砂浆抗冻性能的检测参照 JGJ/T 70—2009《建筑砂浆基本性能试验方法标准》，本方法可用于检验强度等级大于 M2.5 的砂浆的抗冻性能。

7.9.1　仪器设备

① 冷冻箱（室）：装入试件后，箱（室）内的温度应能保持在−20～−15℃。

② 篮框：应采用钢筋焊成，其尺寸应与所装试件的尺寸相适应。

③ 天平或案秤：称量应为 2kg，感量应为 1g。

④ 融解水槽：装入试件后，水温应能保持在 15～20℃。

⑤ 压力试验机：精度应为 1%，量程应不小于压力机量程的 20%，且不应大于全量程的 80%。

7.9.2 试验步骤

(1) 砂浆抗冻试件的制作及养护 应按下列要求进行。

① 砂浆抗冻试件应采用 70.7mm×70.7mm×70.7mm 的立方体试件，并应制备两组、每组 3 块，分别作为抗冻和与抗冻试件同龄期的对比抗压强度检验试件。

② 砂浆试件的制作与养护方法应符合本标准中立方体抗压强度试验的规定。

(2) 砂浆抗冻性能试验 应符合下列规定。

① 当无特殊要求时，试件应在 28d 龄期进行冻融试验。试验前两天，应把冻融试件和对比试件从养护室取出，进行外观检查并记录其原始状况，随后放入 15～20℃的水中浸泡，浸泡的水面应至少高出试件顶面 20mm。冻融试件应在浸泡两天后取出，并用拧干的湿毛巾轻轻擦去表面水分，然后对冻融试件进行编号，称其质量，然后置入篮框进行冻融试验。对比试件则放回标准养护室中继续养护，直到完成冻融循环后，与冻融试件同时试压。

② 冻或融时，篮框与容器底面或地面应架高 20mm，篮框内各试件之间应至少保持 50mm 的间隙。

③ 冷冻箱（室）内的温度均应以其中心温度为准。试件冻结温度应控制在−20～−15℃。当冷冻箱（室）内温度低于−15℃时，试件方可放入。当试件放入之后，温度高于−15℃时，应以温度重新降至−15℃时计算试件的冻结时间。从装完试件至温度重新降至−15℃的时间不应超过 2h。

④ 每次冻结时间应为 4h，冻结完成后应立即取出试件，并应立即放入能使水温保持在 15～20℃的水槽中进行融化。槽中水面应至少高出试件表面 20mm，试件在水中融化的时间不应小于 4h。融化完毕即为一次冻融循环。取出试件，并应用拧干的湿毛巾轻轻擦去表面水分，送入冷冻箱（室）进行下一次循环试验，依此连续进行直至设计规定次数或试件破坏为止。

⑤ 每五次循环，应进行一次外观检查，并记录试件的破坏情况；当该组试件中有 2 块出现明显分层、裂开、贯通缝等破坏时，该组试件的抗冻性能试验应终止。

⑥ 冻融试验结束后，将冻融试件从水槽取出，用拧干的湿布轻轻擦去

试件表面水分，然后称其质量。对比试件应提前两天浸水。

⑦ 应将冻融试件与对比试件同时进行抗压强度试验。

7.9.3 数据处理

① 砂浆试件冻融后的强度损失率应按式（7-7）计算：

$$\Delta f_{\mathrm{m}} = \frac{f_{\mathrm{m1}} - f_{\mathrm{m2}}}{f_{\mathrm{m1}}} \times 100 \tag{7-7}$$

式中 Δf_{m}——n 次冻融循环后砂浆试件的砂浆强度损失率，%，精确至 1%；

f_{m1}——对比试件的抗压强度平均值，MPa；

f_{m2}——经 n 次冻融循环后的 3 块试件抗压强度的算术平均值，MPa。

② 砂浆试件冻融后的质量损失率应按式（7-8）计算：

$$\Delta m_{\mathrm{m}} = \frac{m_0 - m_n}{m_0} \times 100 \tag{7-8}$$

式中 Δm_{m}——n 次冻融循环后砂浆试件的质量损失率，以 3 块试件的算术平均值计算，%，精确至 1%；

m_0——冻融循环试验前的试件质量，g；

m_n——n 次冻融循环后的试件质量，g。

③ 当冻融试件的抗压强度损失率不大于 25%，且质量损失率不大于 5% 时，则该组砂浆试块在相应标准要求的冻融循环次数下，抗冻性能可判为合格，否则应判为不合格。

7.9.4 试验记录格式

记录格式见表 7-9。

表 7-9 砂浆抗冻性试验记录表

试样编号	冻融循环次数 n	对比试件抗压强度/MPa		经 n 次冻融循环后抗压强度/MPa		强度损失率 Δf_{m}/%	冻融前试件质量 m_0/kg	冻融后试件质量 m_n/kg	质量损失率 Δm_{m}/%
		测定值	平均值	测定值	平均值				

试验者＿＿＿＿＿ 记录者＿＿＿＿＿ 校核者＿＿＿＿＿ 日期＿＿＿＿＿

7.10 收缩试验

砂浆收缩性能的检测参照 JGJ/T 70—2009《建筑砂浆基本性能试验方

法标准》，本方法适应于测定砂浆的自然干燥收缩值。

7.10.1 仪器设备

① 立式砂浆收缩仪：标准杆长度应为（176±1）mm，测量精确度应为0.01mm（图7-7）。

② 收缩头：应由黄铜或不锈钢加工而成（图7-8）。

③ 试模：应采用40mm×40mm×160mm棱柱体，且在试模的两个端面中心，应各开一个6.5mm的孔洞。

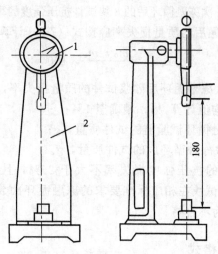

图7-7　收缩仪（单位：mm）
1—千分表；2—支架

7.10.2 试验步骤

① 应将收缩头固定在试模两端面的孔洞中，收缩头应露出试件端面（8±1）mm。

② 应将拌和好的砂浆装入试模中，再用水泥胶砂振动台振动密实，然后置于（20±5）℃的室内，4h之后将砂浆表面抹平。砂浆应带模在标准养护条件［温度为（20±2）℃，相对湿度为90％以上］下养护7d后，方可拆模，并编号、标明测试方向。

③ 应将试件移入温度（20±2）℃、相对湿度（60±5）％的试验室中预置4h，方可按标明的测试方向立即测定试件的初始长度，测定前，应先采用标准杆调整收缩仪的百分表的原点。

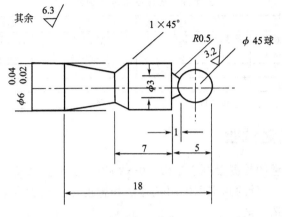

图 7-8　收缩图（单位：mm）

④ 测定初始长度后，应将砂浆试件置于温度（20±2）℃、相对湿度为（60±5）％的室内，然后第 7d、14d、21d、28d、56d、90d 分别测定试件的长度，即为自然干燥后长度。

7.10.3　数据处理

① 砂浆自然干燥收缩值应按式（7-9）计算：

$$\varepsilon_{at} = \frac{L_0 - L_t}{L - L_d} \tag{7-9}$$

式中　ε_{at}——相应为 t 天（7d、14d、21d、28d、56d、90d）时的砂浆试件自然干燥收缩值；

　　　L_0——试件成型后 7d 的长度即初始长度，mm；

　　　L——试件的长度 160mm；

　　　L_d——两个收缩头埋入砂浆中长度之和，即（20±2）mm；

　　　L_t——相应为 t 天（7d、14d、21d、28d、56d、90d）时试件的实测长度，mm。

② 应取三个试件测值的算术平均值作为干燥收缩值。当一个值与平均值偏差大于 20％时，应剔除；当有两个值超过 20％时，该组试件结果应无效。

③ 每块试件的干燥收缩值应取两位有效数字，并精确至 10×10^{-6}。

7.10.4　试验记录格式

记录格式见表 7-10。

表 7-10　砂浆干燥收缩记录表

温度			相对湿度		制作日期	
试样编号	初始长度 L_0/mm	干燥天数 /d	试件长度 L/mm	收缩头埋深 L_d/mm	自然干缩长度 L_t/mm	干缩值 ε_{at}

试验者＿＿＿＿＿＿＿＿　记录者＿＿＿＿＿＿＿＿　校核者＿＿＿＿＿＿＿＿　日期＿＿＿＿＿＿＿＿

7. 11　含气量试验

砂浆含气量的检测参照 JGJ/T 70—2009《建筑砂浆基本性能试验方法标准》。砂浆含气量的测定可采用仪器法和密度法。当发生争议时，应以仪器法的测定结果为准。

(1) 仪器法　本方法可用于采用砂浆含气量测定仪（图 7-9）测定砂浆含气量。

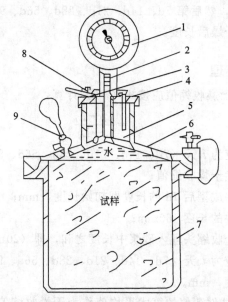

图 7-9　砂浆含气量测定仪

1—压力表；2—出气阀；3—阀门杆；4—打气筒；5—气室；
6—钵盖；7—量钵；8—微调阀；9—小龙头

① 操作步骤。

a. 量钵应水平放置，并将搅拌好的砂浆分三次均匀地装入量钵内。每层应由内向外插捣 25 次，并应用木锤在周围敲数下。插捣上层时，捣棒应插入下层 10～20mm。

154

b. 捣实后，应刮去多余砂浆，并用抹刀抹平表面，表面应平整、无气泡。

c. 盖上测定仪钵盖部分，卡扣应卡紧，不得漏气。

d. 打开两侧阀门，并松开上部微调阀，再用注水器通过注水阀门注水，直至水从排水阀流出。水从排水阀流出时，应立即关紧两侧阀门。

e. 应关紧所有阀门，并用气筒打气加压，再用微调阀调整指针为零。

f. 按下按钮，刻度盘读数稳定后读数。

g. 开启通气阀，压力仪示值回零。

h. 应重复本条的 e.～g. 的步骤，对容器内试样再测一次压力值。

② 数据处理。

a. 当两次测值的绝对误差不大于 0.2％时，应取两次试验结果的算术平均值作为砂浆的含气量；当两次测值的绝对误差大于 0.2％。

b. 当所测含气量数值小于 5％时，测试结果应精确到 0.1％，当所测含气量数值大于或等于 5％时，测试结果应精确到 0.5％。

(2) 密度法 本方法可用于根据一定组成的砂浆的理论表观密度与实际表观密度的差值确定砂浆中的含气量。

① 操作步骤。

a. 应通过砂浆中各组成材料的表观密度与配比计算得到砂浆理论表观密度。

b. 应按本标准的规定进行测定砂浆实际表观密度。

② 数据处理。砂浆含气量应按式（7-10）和式（7-11）计算：

$$A_c = (1 - \frac{\rho}{\rho_t}) \times 100 \qquad (7\text{-}10)$$

$$\rho_t = \frac{1 + x + y + W_c}{\frac{1}{\rho_c} + \frac{x}{\rho_s} + \frac{y}{\rho_p} + W_c} \qquad (7\text{-}11)$$

式中　A_c——砂浆含气量的体积分数，精确至 0.1％；

ρ——砂浆拌合物的实测表观密度，kg/m^3；

ρ_t——砂浆理论表观密度，kg/m^3，精确至 $10kg/m^3$；

ρ_c——水泥实测表观密度，g/cm^3；

ρ_s——砂的实测表观密度，g/cm^3；

W_c——砂浆达到指定稠度时的水灰比；

ρ_p——外加剂的实测表观密度，g/cm^3；

x——砂子与水泥的质量比；

y——外加剂与水泥用量之比，当 y 小于 1％时，可忽略不计。

7.12　吸水率试验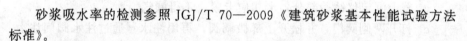

砂浆吸水率的检测参照 JGJ/T 70—2009《建筑砂浆基本性能试验方法标准》。

7.12.1　仪器设备

① 天平：称量应为 1000g，感量应为 1g。

② 烘箱：0~150℃，精度±2℃。

③ 水槽：装入试件后，水温应能保持在（20±2）℃的范围内。

7.12.2　试验步骤

① 应按本标准立方体抗压强度试验中的规定成型及养护试件，并应在第 28d 取出试件，然后在（105±5）℃温度下烘干（48±0.5）h，称其质量 m_0。

② 应将试件成型面朝下放入水槽，用两根的钢筋垫起。试件应完全浸入水中，且上表面距离水面的高度应不小 20mm。浸水（48±0.5）h取出，用拧干的湿布擦去表面水，称其质量 m_1。

7.12.3　数据处理

① 砂浆吸水率应按式（7-12）计算：

$$W_x = \frac{m_1 - m_0}{m_0} \times 100 \tag{7-12}$$

式中　W_x——砂装吸水率，%；

　　　m_1——吸水后试件质量，g；

　　　m_0——干燥试件的质量，g。

② 应取 3 块试件测值的算术平均值作为砂浆的吸水率，并应精确至 1%。

7.13　抗渗性能试验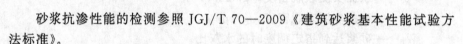

砂浆抗渗性能的检测参照 JGJ/T 70—2009《建筑砂浆基本性能试验方法标准》。

7.13.1　仪器设备

① 金属试模：应采用截头圆锥形带底金属试模，上口直径应为 70mm，

下口直径应为 80mm，高度应为 30mm。

②砂浆渗透仪。

7.13.2　试验步骤

①应将拌和好的砂浆一次装入试模中，并用抹灰刀均匀插捣 15 次，再颠实 5 次，当填充砂浆略高于试模边缘时，应用抹刀以 45°角一次性将试模表面多余的砂浆刮去，然后再用抹刀以较平的角度在试模表面反方向将砂浆刮平，应成型 6 个试件。

②试件成型后，应在室温（20±5）℃的环境下，静置（24±2）h 后再脱模。试件脱模后，应放入温度（20±2）℃、湿度 90% 以上的养护室养护至规定龄期。试件取出待表面干燥后，应采用密封材料密封装入砂浆渗透仪中进行抗渗试验。

③抗渗试验时，应从 0.2MPa 开始加压，恒压 2h 后增至 0.3MPa，以后每隔 1h 增加 0.1MPa。当 6 个试件中有 3 个试件表面出现渗水现象时，应停止试验，记下当时水压。在试验过程中，当发现水从试件周边渗出时，应停止试验，重新密封后再继续试验。

7.13.3　数据处理

砂浆抗渗压力值应以每组 6 个试件中 4 个试件未出现渗水时的最大压力计，并应按式（7-13）计算：

$$P = H - 0.1 \tag{7-13}$$

式中　P——砂浆抗渗压力值，MPa，精确至 0.1MPa；

　　　H——6 个试件中 3 个试件出现渗水时的水压力，MPa。

7.14　静力受压弹性模量试验

砂浆静力受压弹性模量的检测参照 JGJ/T 70—2009《建筑砂浆基本性能试验方法标准》。本方法适用于测定各类砂浆静力受压时的弹性模量（简称弹性模量）。本方法测定的砂浆弹性模量是指应力为 40% 轴心抗压强度时的加荷割线模量。

砂浆弹性模量的标准试件应为棱柱体，其截面尺寸应为 70.7mm×70.7mm，高宜为 210~230mm，底模采用钢底模。每次试验应制备 6 个试件。

7.14.1　仪器设备

①试验机：精度应为 1%，试件破坏荷载应不小于压力机量程的 20%

且不应大于全量程的 80%。

② 变形测量仪表：精度不应低于 0.001mm；镜式引伸仪精度不应低于 0.002mm。

7.14.2 试验步骤

① 试件制作及养护应按本标准立方体抗压强度试验中的规定成型及养护试件进行。试模的不平整度应为每 100mm 不超过 0.05mm，相邻面的不垂直度不应超过±1°。

② 试件从养护地点取出后，应及时进行试验。试验前，应先将试件擦拭干净，测量尺寸，并检查外观。试件尺寸测量应精确至 1mm，并计算试件的承压面积。当实测尺寸与公称尺寸之差不超过 1mm 时，可按公称尺寸计算。

③ 取 3 个试件，按下列步骤测定砂浆的轴心抗压强度：

a. 应将试件直立放置于试验机的下压板上，且试件中心应与压力机下压板中心对准。开动试验机，当上压板与试件接近时，应调整球座，使接触均衡；轴心抗压试验应连续、均匀地加荷，其加荷速度应为 0.25～1.5 kN/s。当试件破坏且开始迅速变形时，应停止调整试验机油门，直至试件破坏，然后记录破坏荷载。

b. 砂浆轴心抗压强度应按式（7-14）计算：

$$f_{mc} = \frac{N'_u}{A} \tag{7-14}$$

式中　f_{mc}——砂浆轴心抗压强度，MPa，应精确至 0.1MPa；

　　　N'_u——棱柱体破坏压力，N；

　　　A——试件承压面积，mm²。

c. 应取 3 个试件测值的算术平均值作为该组试件的轴心抗压强度值。当 3 个试件测值的最大值和最小值中有一个与中间值的差值超过中间值的 20% 时，应把最大及最小值一并舍去，取中间值作为该组试件的轴心抗压强度值。当两个测值与中间值的差值超过 20% 时，该组试验结果应为无效。

④ 将测量变形的仪表安装在用于测定弹性模量的试件上，仪表应安装在试件成型时两侧面的中线上，并应对称于试件两端。试件的测量标距应为 100mm。

⑤ 测量仪表安装完毕后，应调整试件在试验机上的位置。砂浆弹性模量试验应物理对中（对中的方法是将荷载加压至轴心抗压强度的 35%，两侧仪表变形值之差，不得超过两侧变形平均值的±10%）。试件对中合格后，应按 0.25～1.5kN/s 的加荷速度连续、均匀地加荷至轴心抗压强度的 40%，即达到弹性模量试验的控制荷载值，然后以同样的速度卸荷至零，如此反复

预压 3 次（图 7-10）。

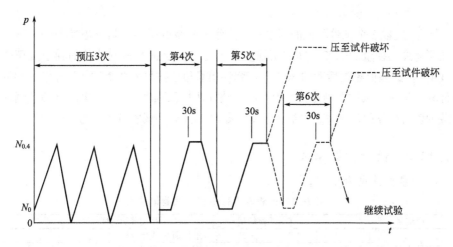

图 7-10　弹性模量试验加荷制度示意图

在预压过程中，应观察试验机及仪表运转是否正常。不正常时，应予以调整。

⑥ 预压 3 次后，按上述速度进行第 4 次加荷。先加荷到应力为 0.3MPa 的初始荷载，恒荷 30s 后，读取并记录两侧仪表的测值，然后再加荷到控制荷载（0.4f_{mc}），恒荷 30s 后，读取并记录两侧仪表的测值，两侧测值的平均值，即为该次试验的变形值。按上述速度卸荷至初始荷载，恒荷 30s 后，再读取并记录两侧仪表上的初始测值，再按上述方法进行第 5 次加荷、恒荷、读数，并计算出该次试验的变形值。当前后两次试验的变形值差，不大于测量标距的 0.2‰时，试验方可结束，否则应重复上述过程，直到两次相邻加荷的变形值相差不大于测量标距的 0.2‰为止。然后卸除仪器，以同样速度加荷至破坏，测得试件的棱柱体抗压强度 f'_{mc}。

7.14.3　数据处理

① 砂浆的弹性模量值应按式（7-15）计算：

$$E_m = \frac{N_{0.4} - N_0}{A} \times \frac{l}{\Delta l} \qquad (7-15)$$

式中　E_m——砂浆弹性模量，MPa，精确至 10MPa；

　　　$N_{0.4}$——应力为 $0.4f_{mc}$ 的压力，N；

　　　N_0——应力为 0.3MPa 的初始荷载，N；

　　　A——试件承压面积，mm^2；

　　　Δl——最后一次从 N_0 加荷至 $N_{0.4}$ 时试件两侧变形差的平均

值，mm；

　　　l——测量标距，mm。

　　② 应取 3 个试件测值的算术平均值作为砂浆的弹性模量。当其中一个试件在测完弹性模量后的棱柱体抗压强度值 f'_{mc} 与决定试验控制荷载的轴心抗压强度值 f_{mc} 的差值超过后者的 20％时，弹性模量值应按另外两个试件的算术平均值计算。当两个试件在测完弹性模量后的棱柱体抗压强度值 f'_{mc} 与决定试验控制荷载的轴心抗压强度值 f_{mc} 的差值超过后者的 20％时，试验结果应为无效。

7.14.4　试验记录格式

　　记录格式见表 7-11。

表 7-11　砂浆静力弹性模量试验记录表

试样编号				试验龄期/d				平均养护温度/℃			
试件尺寸/mm	长			承压面积 A/mm^2							
	宽			抗压极限荷载 N'_u/N							
	高			轴心抗压强度 f_{mc}/MPa							
测量标距/mm				试验用初始荷载/kN							
加载循环	试件编号	1				2				3	
	变形仪/μm	左		右		左		右		左		右
	荷载/kN	初	终	初	终	初	终	初	终	初	终	初	终
1	表读数										
	形变值										
	平均形变值										
2	表读数										
	形变值										
	平均形变值										
3	表读数										
	形变值										
	平均形变值										
4	表读数										
	形变值										
	平均形变值										
5	表读数										
	形变值										
	平均形变值										
循环后抗压强度 f'_{mc}/MPa											
抗压弹性模量 E_m/MPa	测定值										
	平均值										

试验者＿＿＿＿＿＿　　记录者＿＿＿＿＿＿　　校核者＿＿＿＿＿＿　　日期＿＿＿＿＿＿

参　考　文　献

［1］天文玉．建筑材料试验指导书．北京：人民交通出版社，2005.

［2］韦琴．建筑材料试验指导书．北京：人民交通出版社，2010.